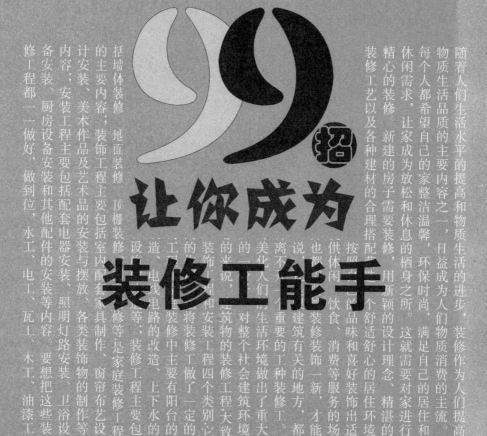

99招
让你成为
装修工能手

黄鹤 总主编

江西教育出版社
JIANGXI EDUCATION PUBLISHING HOUSE

图书在版编目（CIP）数据

99招让你成为装修工能手／黄鹤主编.——南昌：江西教育出版社，2010.11

（农家书屋九九文库）

ISBN 978-7-5392-5917-8

Ⅰ.①9… Ⅱ.①黄… Ⅲ.①住宅—室内装修—基本知识 Ⅳ.①TU767

中国版本图书馆CIP数据核字（2010）第198635号

99招让你成为装修工能手

JIUSHIJIU ZHAO RANG NI CHENGWEI ZHUANGXIUGONG NENGSHOU

黄鹤　主编

江西教育出版社出版

（南昌市抚河北路291号　邮编：330008）

北京龙跃印务有限公司印刷

680毫米×960毫米　16开本　8.75印张　150千字

2016年1月1版2次印刷

ISBN 978-7-5392-5917-8　定价：29.80元

赣教版图书如有印装质量问题，可向我社产品制作部调换

电话：0791-6710427（江西教育出版社产品制作部）

赣版权登字-02-2010-203

版权所有，侵权必究

前言 qianyan

每个人都希望自己的家整洁温馨,环保时尚,满足自己的居住和休闲需求,让家成为放松和休息的栖身之所。这就需要对家进行精心的装修。新建的房子需要装修,用新颖的设计理念、精湛的装修工艺以及各种建材的合理搭配营造一个舒适舒心的居住环境;买来的二手房同样也需要改装,按照自己的品位和喜好装饰出适合居住的环境。而用来给人们提供休闲、饮食、消费等服务的场所,如宾馆、饭店、商场等地方也都需要装修装饰一新,才能成为人们生活中的好去处。可以说,凡是跟建筑有关的地方,都需要装修。而这一切,都离不开一个重要的工种——装修工。装修工是建筑环境的缔造者,为美化人们的生活环境作出了重大的贡献,是我们生活中不可缺少的一份子,对整个社会建筑环境的改造起着举足轻重的作用。

总的来说,建筑物的装修工程,大致可概括为结构工程、装修工程、装饰工程和安装工程四个类别,它们分别在装修工程中发挥着不同的作用,也将装修工作了一定的划分。就拿家庭装修来说,结构工程在家庭装修中主要有阳台的封闭和改造、非承重墙的移位改造、电线电路的改造、上下水的改造、门窗的拆改、暖气管线和设施的改造等;装修工程主要包括墙体装修、地面装修、顶棚装修、门窗装修等,是家庭装修工程的主要内容;装饰工程主要包括室内配套家具制作、窗帘布艺设计安装、美术作品及艺术品的安装与摆放、各类装饰物的制作等内容;安装工程主要包括配套电器安装、照明灯路安装、卫浴设备安装、厨房设备安装和其他配件的安装等内容。要想把这些装修工程都一一做好,做到位,水工、电工、瓦工、木工、油漆工,这些装修工种一项也不能少,每一项都在装修工程中扮演着重要的角色,谁也代替不了谁。

　　本书将主要立足于家庭装修,从装修工必备的各项基本技能入手,介绍装修工在进行家庭装修时需要掌握的各种知识,提倡进行绿色装修和环保装修,对在家庭装修中经常遇到的疑难问题进行分析和解答,并向装修工介绍因装修污染而导致的装修职业病,提高他们的疾病风险防范意识,帮助他们提高自己的装修技能,使他们成为这一行业领域中的能手和精英,实现自己职业上的大步跨越。

　　在本书的编写过程中,编者参考了一些相关书籍及文章,限于笔墨,这里就不一一列出书名及文章题目了,在此向作者表示衷心的感谢。

目录 Contents

第一章 6招教你轻松识图 001

招式1：识图前必须掌握的建筑术语 …………… 002
招式2：轻松看懂平面图 …………… 004
招式3：如何看懂立面图 …………… 006
招式4：剖面图识别要领 …………… 007
招式5：如何看懂节点图 …………… 007
招式6：看懂水电施工图有妙招 …………… 008

第二章 7招教你学会"隐蔽工程"施工 011

招式7：水路施工工程须知 …………… 012
招式8：如何进行电路工程施工 …………… 013
招式9：如何进行地暖工程施工 …………… 015
招式10：龙骨安装要点 …………… 016
招式11：墙面基础处理工程 …………… 016
招式12：地面基础处理工程 …………… 017
招式13：如何做好防水工程 …………… 018

第三章　15招教你装靓墙面　　021

招式14：教你如何抹灰 …………………………… 022
招式15：放线三要点 ……………………………… 025
招式16：常见的墙面装饰方法 …………………… 026
招式17：如何给墙面喷涂乳胶漆 ………………… 028
招式18：如何选择环保涂料 ……………………… 029
招式19：刷涂料要看气候 ………………………… 029
招式20：墙面裱糊工艺 …………………………… 030
招式21：如何进行塑料壁纸的裱糊 ……………… 031
招式22：如何进行玻璃纤维布和无纺墙布的裱糊 … 033
招式23：如何利用板材装饰墙面 ………………… 034
招式24：利用抛晶砖给墙壁增添艺术感 ………… 035
招式25：让瓷砖为墙面增色 ……………………… 035
招式26：瓷砖应该这样贴 ………………………… 037
招式27：怎样做好电视背景墙 …………………… 037
招式28：让画来修饰墙面 ………………………… 038

第四章　15招教你学会地面装饰　　041

招式29：如何进行水泥砂浆抹灰 ………………… 042
招式30：石材地面的铺装要点 …………………… 042
招式31：瓷砖地面铺装要点 ……………………… 044
招式32：木地板施工技术要点 …………………… 044
招式33：安装木地板的基本工艺流程 …………… 046
招式34：铺装复合木地板，地面找平不能忘 …… 046
招式35：木地板施工常见问题巧解决 …………… 047
招式36：塑胶地板的铺设 ………………………… 048
招式37：应该这样铺地毯 ………………………… 049
招式38：用竹木地板打造环保地面 ……………… 050

招式39：如何刷地面涂料 ·············· 052
招式40：地面涂料怎么刷才不起皮 ·············· 052
招式41：轻松解决油漆涂料地面的磨损和褪色 ·············· 053
招式42：不同房间地面的铺设要领 ·············· 053
招式43：为孩子铺环保地板 ·············· 054

第五章　8招教你装吊顶　　057

招式44：别走进吊顶装修的误区 ·············· 058
招式45：吊顶的主要类型 ·············· 058
招式46：石膏板吊顶安装要领 ·············· 059
招式47：如何进行PVC板吊顶 ·············· 060
招式48：如何安装铝扣板吊顶 ·············· 060
招式49：厨房吊顶需做到"三防" ·············· 062
招式50：卫生间吊顶八要点 ·············· 062
招式51：吊顶的注意事项 ·············· 063

第六章　10招教你做好门窗　　065

招式52：木门窗的类型和施工工艺 ·············· 066
招式53：木门窗安装要点 ·············· 067
招式54：如何选购铝合金门窗 ·············· 067
招式55：科学安装铝合金门窗 ·············· 068
招式56：如何选购塑钢门窗 ·············· 069
招式57：塑钢门窗的安装要领 ·············· 070
招式58：如何选购玻璃门窗 ·············· 071
招式59：玻璃门巧安装 ·············· 071
招式60：如何包门套 ·············· 073
招式61：组合门套巧安装 ·············· 074

第七章　15招教你做好厅房装饰　　　077

招式62：客厅装修要点……………………………… 078
招式63：客厅照明的布置…………………………… 079
招式64：巧妙装饰玄关……………………………… 080
招式65：卧室装修要点……………………………… 081
招式66：走出卧室装修的几个误区………………… 081
招式67：教你轻松装修卧室………………………… 082
招式68：如何装修小卧室…………………………… 083
招式69：书房装修要点……………………………… 084
招式70：如何搭配书房的色彩……………………… 085
招式71：书房装修要注意环境和温度……………… 085
招式72：不同餐厅形式的装修方法………………… 085
招式73：餐厅装修要点……………………………… 086
招式74：儿童房装修要点…………………………… 087
招式75：儿童房壁纸选用三原则…………………… 089
招式76：儿童房污染五大对策……………………… 090

第八章　14招教你做好厨卫装饰　　　093

招式77：厨房装修三原则…………………………… 094
招式78：厨房装修要点……………………………… 095
招式79：厨房装修有哪些禁忌……………………… 096
招式80：如何给厨房贴瓷砖………………………… 097
招式81：科学合理进行厨房选材…………………… 098
招式82：如何选择厨房家电………………………… 099
招式83：选择整体厨柜要讲方法…………………… 100
招式84：厨房安装燃气热水器注意事项…………… 100
招式85：卫生间的装修要点………………………… 101
招式86：如何搭配卫生间的颜色…………………… 102

招式87：卫生间内摆设要点 ⋯⋯⋯⋯⋯⋯⋯⋯⋯⋯⋯⋯⋯⋯ 103
招式88：如何给卫生间做防水 ⋯⋯⋯⋯⋯⋯⋯⋯⋯⋯⋯⋯⋯ 103
招式89：如何装修主卫生间 ⋯⋯⋯⋯⋯⋯⋯⋯⋯⋯⋯⋯⋯⋯ 106
招式90：卫浴设备巧安装 ⋯⋯⋯⋯⋯⋯⋯⋯⋯⋯⋯⋯⋯⋯⋯ 107

第九章　5招教你做好阳台装饰　111

招式91：阳台装修要点 ⋯⋯⋯⋯⋯⋯⋯⋯⋯⋯⋯⋯⋯⋯⋯⋯ 112
招式92：装修阳台需要哪些材料 ⋯⋯⋯⋯⋯⋯⋯⋯⋯⋯⋯⋯ 112
招式93：如何封装阳台 ⋯⋯⋯⋯⋯⋯⋯⋯⋯⋯⋯⋯⋯⋯⋯⋯ 113
招式94：小户型阳台如何华丽变身 ⋯⋯⋯⋯⋯⋯⋯⋯⋯⋯⋯ 115
招式95：如何做好阳台防水 ⋯⋯⋯⋯⋯⋯⋯⋯⋯⋯⋯⋯⋯⋯ 116

第十章　2招教你科学节能安装电气　121

招式96：走出家用电气安装误区 ⋯⋯⋯⋯⋯⋯⋯⋯⋯⋯⋯⋯ 122
招式97：家用电气安装要点 ⋯⋯⋯⋯⋯⋯⋯⋯⋯⋯⋯⋯⋯⋯ 122

第十一章　2招教你了解和防范职业病　125

招式98：认识装修工患职业病的主要原因 ⋯⋯⋯⋯⋯⋯⋯⋯ 127
招式99：绿色环保施工，远离职业病困扰 ⋯⋯⋯⋯⋯⋯⋯⋯ 127

第一章
6招教你轻松识图

liuzhaojiaoniqingsongshitu

招式1：识图前必须掌握的建筑术语
招式2：轻松看懂平面图
招式3：如何看懂立面图
招式4：剖面图识别要领
招式5：如何看懂节点图
招式6：看懂水电施工图有妙招

施工图纸是装修工进行施工的基础和指导,这些图往往是设计师按照投影原理,用线条、数字、文字和符号在纸上画出的图样,用来表达设计思想、装饰结构、装饰造型和饰面处理要求。施工图纸主要包括平面图、立面图、剖面图、节点图、水电示意图等,装修工只有学会了识图知识,掌握了各种识图技巧,看明白图纸的要求,才能进行下一步的装修工作。本章将教你几招识图的方法和要领,让你拿到装修图纸后轻松识图,为装修费用的预算和装修工作的顺利开展开启智慧之门。

行家出招

招式1 识图前必须掌握的建筑术语

每一个行业和领域,都会存在具有这一行业特征的术语,掌握了术语,才能对行业有一个较为专业的了解,继而为从事这项工作打下坚实的基础。装修工也不例外。为了顺利施工,装修工在学会识图之前,必须掌握一些常见的建筑图纸术语,以方便识图。下面,就一些常见和常用的建筑术语作一介绍。

第一,平面图:也叫俯视图,是指在某一水平方向的投影,能看得见的轮廓线用实线,看不见的轮廓线用虚线。

第二,立面图:也叫正视图,是指在正立面方向的投影,能看得见的轮廓线用实线,看不见的轮廓线用虚线。

第三,剖面图:指用一个平面将物体分割开来,被剖到的实体部分用斜线表示,其他部分按投影方式。

第四,节点图:指某一结构交叉点,用视图很难表达出来,在本张图纸上或另一张图纸上将其放大,表现出各结构点之间的关系。

第五,详图:在平面图或立面图上很难将一细小部分完全体现出来,将其比例放大,将每一细小部分都表示清楚,包括尺寸。

第六,比例:比例是用来表示物体真实尺寸与图纸尺寸放大或缩小的倍数指数。当一个物体用真实的大小画在图纸上时,它的比例为1∶1,俗称足尺。一般情况下,建筑图都采用缩小的比例绘制图纸,常用的比例有:1∶5 ,1∶

10,1∶20,1∶50,1∶100,1∶500等等。比例一般都选用整数,尽量选用比例尺上常用的比例绘图,便于阅读、换算和度量。在一张图纸上,如果所绘制的图形都采用同一个比例,就可以在图纸的标题栏中看到比例数;如果在一张图上有几种比例,一般把该图形的比例标注在该图下方图纸名称的后边,以方便阅读。

第七,轴线:轴线在建筑图中起定位作用。一般情况,以对称形式,24墙以上的红砖墙以内12为轴线,24墙以内的任何墙体都是一墙体的中心为轴线。水平方向的轴线从左到右用阿拉伯数字依次连续编为①、②、③……垂直方向的轴线从下到上用大写拉丁字母依次连续编为A、B、C……

第八,开间:是指在平面图上,沿着楼房的轴线的平行方向,房间的尺寸大小。房间的开间尺寸通常为:2400mm、2700mm、3000mm、3300mm等等,一般以300mm为一个递增值。

第九,进深:是指在平面图上,沿着楼房的轴线的垂直方向,房间的尺寸大小。房间的进深通常采用以下参数:3.0 mm、3.3mm、3.6mm、3.9mm、4.2mm、4.5mm、4.8mm、5.1mm、5.4mm、5.7mm、6.0mm,以0.3mm为一个递增值。

第十,标高:标高是用来标记物体某表面高度的符号,用来表示装修后的吊棚或装修后地面的相对高度,标高的单位一般为米。

第十一,建筑面积:是指建筑物外墙外围所围成空间的水平面积,建筑面积包含了房屋居住的可用面积、墙体柱体占地面积、楼梯走道面积、其他公摊面积等。如果计算多、高层住宅的建筑面积,则是各层建筑面积之和。

第十二,使用面积:是指住宅各层平面中直接供住户生活使用的净面积之和。计算住宅使用面积,可以比较直观地反映住宅的使用状况。计算使用面积时有一些特殊规定:不包含在结构面积内的烟囱、通风道、管道井均计入使用面积;内墙面装修厚度计入使用面积;跃层式住宅中的户内楼梯按自然层数的面积总和计入使用面积。

第十三,辅助面积:是指住宅建筑各层中不直接供住户生活的室内净面积。包括厨房、过道、卫生间、起居室、厕所、贮藏室等。

第十四,层高:通常指下层地板面或楼板面到上层楼板面之间的距离。

第十五,净高:层高减去楼板的厚度的差,叫做净高。

第十六,过梁:一般指在某一洞口、门窗口上面的梁,并且梁的上面有墙体,起支撑洞口,并将洞口上部砌体所传来的各种负荷传给窗间墙的作用。

过梁的形式有钢筋砖过梁、砌砖平拱、砖砌弧拱和钢筋混凝土过梁四种。

第十七，简支梁：一般指梁的两端搭在两个支撑物上，两边并没有约束力，嵌入墙体12cm的梁，一般为静定结构，其受力最大点在中间。

第十八，圈梁：为了提高房屋的整体性，沿某一标高绕一圈的梁。因为是连续围合的梁而得名为圈梁。圈梁通常设置在檐口、基础墙、和楼板处，其数量和位置与建筑物的高度、层数、地基状况和地震强度有关。

第十九，悬挑梁：就是房屋的梁并非两端都有支撑，而是梁的一端悬挑出去，没有支撑点，另一端被锚固或浇铸在混凝土柱、梁或墙体上，靠上面的荷载压着它，来保持稳定。悬挑梁一般为钢筋混凝土材质。

第二十，索引及符号。指用来引导识图者查找相关的信息或被引出的内容。有了索引和符号，识别图纸就变得容易很多，给人以层次分明的感觉，而且也能从宏观到微观、由浅入深、由表及里地分层次地对设计理念和方案进行了解。

招式2 轻松看懂平面图

所谓平面图，就是假想用一个水平剖切平面，经过门窗口位置将房屋切开，拿去上面部分，自上而下投影，在水平投影面上得到的正投影，即平面布置图，简称平面图。平面图反映的是整个住宅的总体布局，主要是为了表达装饰和建筑空间的平面形状和大小，各房间在水平方向的相对位置和功能划分，以及家具的摆设，室内交通路线和地面的处理等，还反映了纵横两轴的定位轴线和尺寸标注数据，是了解住宅平面方位、形状、朝向和住宅内部房间、走道、楼梯、门窗、固定设备如浴缸、洗面盆、橱柜、炉灶、便器、污水池等的空间位置的重要载体，也是进行室内装饰组织施工及编制预算的重要依据。室内居室层次不同，各层布置不尽相同，它们所表现的装饰平面图也不一样。平面图包括平面布置图、平顶布置图、地面材料划格分布图、固定装饰定位与立面索引图等。底层平面图，也称首层或一层平面图，它与室外地面有着直接的联系，除表明室内平面布置外，室外的台阶、花台、散水、道路以及绿化环境都能反映出来。若无地下室，室内外楼梯在底层平面图上就只有起步部分，折断线以上的梯段也就被隐去了。底层平面图上的定位轴线和尺寸标注较为完善，剖面剖切符号、指北针也只有在底层平面图上标注。顶面平面图反映的是对整个住宅顶面处理情况,如装饰施工要求,层次造型,材料的选择,灯具的位置、种类,定位轴线和尺寸标注等。

平面图识图的基本内容:识图时,主要要看明白三大点:第一,装饰结构的尺寸;第二,装饰布置和尺寸关系;第三,设置、家具、安放位置以及尺寸关系。装修图纸的平面图上,总是标明了建筑物的平面形状与尺寸,比如房间的净空尺寸和地面的高度;标明了装修装饰结构在建筑内的平面位置以及与建筑结构的相互关系尺寸;标明了装饰结构的具体形状及尺寸,饰面的材料和工艺要求;标明了各剖面图的剖切位置,详图的位置及编号;标明了各房间的坐标方向;标明了走廊楼梯的位置及尺寸;标明了门窗的开启方向与位置尺寸和编号。比如门的代号是M,窗的代号是C。在代号后面写上编号,同一编号表示同一类型的门窗。如M-1;C-1;与原始结构图对比看是否有拆除部分;体现了洁具、家具、家电的摆放位置及数量与装饰布局的关系尺寸;体现了各个房间的位置及功能。

识读家庭居室装饰平面图,主要应掌握以下几点:

第一,首先要找出平面图中的墙体部分,从而确定各房间的位置。然后将居室的各房间一一对号识别,获得一个比较直观和清晰的印象。如果图中所示与实际情况不一致,就说明建筑师在设计时根据业主的意愿,对墙体结构进行了适当的改动,并对房屋的空间重新进行了功能的划分。比如从较大的卧室里分隔出一间衣帽间来,或将厨房和阳台的墙打通,以此来扩充厨房的面积等等具体的改动。作为装修工人,这时就要审查空间划分是否合理,熟悉每个房间的功能和面积大小,为接下来的装修备料和装修施工做好准备。

第二,通过平面图的文字说明,来了解施工图对材料、规格、品种、工艺等的要求,并结合从平面图上算得的面积,制定装修材料的购买计划和施工安排计划。

第三,仔细领会平面图的文字说明,了解各装饰的结构材料与饰面材料的特性,弄明白两者的衔接关系与固定方式,并根据文字说明获知饰面材料的色彩以及材质等详细要求。

第四,看家具、设施的摆放在方向上是否合理,是否满足使用方便、美观得体的要求。比如客厅,先要找到电视机的安放位置,再由它的位置决定沙发和电视柜的位置,进而决定落地灯和背景光源的位置,这个基调定了,客厅的整体布局也就明朗了。再比如厨房,就要看水槽、冰箱和燃气灶之间的距离是否合适,洗菜做饭是否方便,炒菜是否顺手,转身是否从容不拥挤等。

第五,看地面与顶面的装修方式。装修平面图一般都会标出装修的方式,比如说地面应该铺地砖、木地板还是地毯,顶棚应该刷乳胶漆还是制作吊顶,用嵌入方式安装灯具等。由于地面与顶面对装修的整体效果影响非常大,所以,装修时要特别注意设计、选材和施工。

第六,还要会看天花平面图。具体识图内容包括:天花板装饰的式样和尺寸;天花板所用的装饰材料及其规格和颜色;灯具款式以及规格和位置;天花吊顶的剖切位置和编号等。

招式3 如何看懂立面图

所谓立面图,专业的解释是:在与房屋立面平行的投影面上所作房屋的正投影图,称为建筑立面图,简称立面图。它表示物体的形状、长度和高度以及相关的位置。其中,反映房屋的主要出入口或比较明显地反映出房屋外貌特征的那一面的立面图,称为正立面图,其余的立面图相应地称为背立面图和侧立面图。但通常也按房屋的朝向来命名,如东立面图、南立面图,西立面图、北立面图等。有时,也按轴线编号来命名,如①~⑨立面图或A~E立面图等。

立面图的识图内容包括:墙面、家具装饰的式样、颜色、高度及长度;墙面、家具等设备的位置、尺寸和规格;装饰吊顶的造型、高度以及互相关系尺寸;门、窗、隔墙、装饰隔断物等的高度和安装尺寸等。

要想轻松识别立面图,需要掌握以下几个识图要点:

第一,要弄清楚房屋的地面标高,装饰立面图一般都以地面标高为0。

第二,要弄清楚每个立面上有几种不同的装饰面,并了解这些装饰面所用的材料以及施工工艺要求。

第三,立面上各种不同材料饰面之间的衔接收口处较多,因此还要注意收口所需要的材料、收口方式和具体工艺。

第四,要弄清楚装饰结构与建筑结构的衔接,装饰结构之间的连接方法和固定方法。

第五,要弄清楚各种家用设备的安装位置以及开关、插座、保险箱的安装位置和安装方式,以便在施工中提前预留。

招式 4 剖面图识别要领

所谓剖面图,指用一个平面将物体分割开来,被剖到的实体部分用斜线表示,其他部分按投影方式。

剖面图的识图内容包括:装饰面或装饰形体本身的结构形式;材料情况与主要承构件的互相关系;某些形体和局部的详细尺寸、做法及施工要求;装饰结构与建筑结构之间详细的衔接尺寸;装饰面不同饰面之间的对接方式、收口封边材料和尺寸。

剖面图的识图要点:

第一,看剖面图首先要弄清楚图从何而来,分清是从平面图还是从立面图上剖切的,剖切面的编号或字母,应与剖面图符号中节点符号相一致。

第二,要对照结合平面图与立面图,看剖切方向和视图投影方向。

第三,要弄清楚剖面图中各种装饰材料的结合方式和具体工艺要求。

招式 5 如何看懂节点图

节点图,指某一结构交叉点,用视图很难表达出来,在本张图纸上或另一张图纸上将其放大,表现出各结构点之间的关系。节点图有时也称"大样"图,是表明建筑构造细部的图,是两个以上装饰面的汇交点,按垂直或水平方向切开,以标明装饰面之间的对接方式和固定方法。

那么,房屋的哪些建筑部分需要节点图呢。我们归纳了几种:

第一,内外墙节点、楼梯,电梯、厨房、卫生间等局部平面,要单独绘制大样和构造详图。

第二,室内外装饰方面的构造、线脚、图案、造型等。

第三,特殊的或非标准门、窗、幕墙等也应有构造详图,要对门窗的开启面积和开启方式,对门窗与主体结构的连接方式以及预埋件、用料材质、颜色等作出相应的规定。

第四,其他凡在平、立、剖面或文字说明中无法交代或交代不清的建筑配件和建筑构造,也需要引出"大样",以表达出构造的做法、尺寸、构配件之间的相互关系以及所需要的建筑材料。

相对于平面图、立面图和剖面图而言,节点图是一种辅助图样。因此,我们在看节点图时,着重围绕这些方面仔细看明白具体的施工要求和方法就可以了。

招式6 看懂水电施工图有妙招

水电施工图是说明房屋内给水系统、排水系统和电器设备、电线走向、照明系统具体构造和位置的图纸,它是装修工人进行房屋水电施工的依据。

装修工人在对房屋进行装修前,一定要会看水电施工图,了解电工的基本符号、图标和代码,熟悉图纸标注和图例,了解水电工程,尤其是电气的基本原理,并掌握相应的设计、施工规范以及施工工艺。

先说一下如何看水施图。看水施图的时候一定要将平面图和水施图对照着看,这样才能知道管道具体在什么地方转弯,在什么地方变径,在什么地方分配水点,配水点标高是多少。而且还要根据房屋的具体情况,弄明白有没有相应的排水措施和用水设施,再考虑排水措施和用水设施的搭配是否合理。

再说一下怎么看电施图。一般情况下,先看说明,插座安装高度是多少,高度是否能达得到安全要求,配电箱应该安装在什么位置,负荷是多少,是否合理,出线的保护管是多大,电线的搭配是否合理,电线与用电设备的搭配是否合理,线管敷设方式是怎么样等等。看电施图要看得深入和细致,最大限度地满足合理性和实用性。

此外,无论是看水施图还是看电施图,都要结合着土建看,看房间尺寸、墙身尺寸、筏板厚度、找平层厚度、保温属内保温还是外保温、保温层厚度、内外墙装饰层厚度、结构梁的大小、预埋套管大小、建筑标高等,并充分考虑水电设施安装后会不会对房间的使用高度有影响。将这些考虑周到,心中有数后,才能准确地对水电管线进行预埋、预留和制作加工。

温馨提示

如何绘制装修图纸

装修工人如果有一些好的装修想法并且要表达出来,就要学会绘制图纸。在电脑普及之前，绘制装修图纸基本依靠手工，利用丁字尺等辅助工具进行绘制。在电脑比较普及的今天，一般装修图纸的绘制都用电脑来完成。用电脑绘制装修图首先要在电脑上安装绘图软件，目前世界上最常用的工程绘图软件是AutoCAD，利用这个软件进行绘图，就能明晰地将整个装修理念和设计方案体现出来，比如家具如何摆放，吊顶是怎么个吊法，每个房间如何布置等等。图绘制好了，还必须安装一台可以打印工程图纸的打印机，然后将电脑上绘制的图纸打印出来，在得到业主的认可和同意后，按照装修图纸进行下一步的施工。

第二章
7招教你学会"隐蔽工程"施工

qizhaojiaonixuehuiyinbigongchengshigong

招式7：水路施工工程须知
招式8：如何进行电路工程施工
招式9：如何进行地暖工程施工
招式10：龙骨安装要点
招式11：墙面基础处理工程
招式12：地面基础处理工程
招式13：如何做好防水工程

在装修施工中，各种管线工程和结构工程是最容易人忽视的，由于这些施工项目被隐蔽在装饰表面内部，会被后面的施工工序所覆盖，表面上无法看到，因此，我们往往把这些工程称为"隐蔽工程"。一般来说，"隐蔽工程"包括水路施工工程、电路施工工程、地暖施工工程、龙骨安装工程、墙面基础处理工程、地面基础处理工程、防水工程等。这些工程对家庭装修来说，是施工基础，非常重要，如果不能科学细致合理地做好这些工程项目，就会给业主日后的居家安全和水电等使用带来很大的麻烦，因此，作为一名技术精湛的装修工，要认清这些工作的重要性，合理施工，打造出让业主满意和放心的"隐蔽工程"。本章立足实际，分别对这些"隐蔽工程"涉及的相关知识进行介绍，为广大装修工提供可以学习和借鉴的经验和窍门，进一步提高他们的装修技能和水平。

行家出招

招式7 水路施工工程须知

业主买了房屋，为了满足自己心目中独特的设计理念，达到理想的装修效果，往往会对房屋的水路进行必要的改造。为业主进行水路改造时，我们要遵循一个基本的改造原则，那就是要使居室中所有的上下水管道都保持管路的通畅，不能动主水路。在这个基本原则的指导下，可以对房屋的水路进行适当的改造。比如说一般的毛坯房，只有一条冷水管道，如果业主想要加热水器，不论是燃气的还是用电的，都需要再增加一个热水管道。当选择增加或改变水路管道的时候，首先要想好管道的路线。热水从哪里来、需要引到哪里去、要穿过哪些墙、适合在哪里打洞、哪些地方要暗埋，暗埋是开横槽还是竖槽、哪些墙上可以开槽、哪些不能，管线是走墙里还是走石膏线吊顶，如果走石膏线的话弯头和管道能不能被石膏线包进去；如果无法暗埋，那么明管要怎么走才不会醒目。最后就是大概要用走多少米的管道、用几个弯头、打几个洞、开几米暗槽。这一切，装修人员都要做到心里有数。

其次，在安装上，要熟悉各种管材的性能和优劣，来具体考虑应该采用什么样的管材。目前市场上用于水路改造的主流水管是铝塑管、PPR水管和铜水管,镀锌管和不合格的PVC管是国家禁止使用的,要杜绝采用。

铝塑管质轻、耐用,可以弯曲,施工方便,很适合家庭使用。但是它也有一个缺点,就是两根管子连接的时候要使用铜接头,在铝塑管被用作热水管使用时,由于管道与铜接头这两种材质的热膨胀率不同,使用一段时间后,会因热胀冷缩而造成卡套式连接错位,从而造成漏水。因此,在用铝塑管时,要记住接头不能暗埋。

PPR水管是一种新型的水管材料,具有得天独厚的优势,无毒、质轻、耐压、耐腐蚀、不易生锈。技术要求上,其采用先进的热熔技术,把两根管子接头熔化了再重新粘在一起,因此连接可靠,打压实验合格后绝对不会漏水,可以随便埋进墙里,但在低温下PPR水管会变脆。

至于铜水管,其具有耐腐蚀、抗菌等优点,是水管中的上品。铜管的表面有一层密实而坚硬的保护层,无论是油脂、细菌还是紫外线都无法穿过和侵蚀水管,进而污染水质。而且铜水管质地坚硬,耐压性强,即便在高压条件下,也不会变形,不会破裂,加上其稳定的耐腐蚀性,能使管内流动阻力减小,减轻水流对管壁的压力,保障水流畅通,这无疑给家庭供水系统上了安全保险,解决了居家生活的后顾之忧。因此,家居健康装修应当首选铜水管。

熟知了这些,就可以按照具体的水路改造方案和业主的具体需求进行配置和安装。

再其次,水路改造时要注意留好接头。一般情况下,卫生间里的坐便器需要留一个冷水管出口,脸盆、厨房水槽、淋浴或浴缸等则需要留冷热水两个出口。需要装修人员特别注意的是出口不要留少了或者留错了,一旦出错会造成日后的麻烦。如果等到最后瓷砖贴好了,洁具安装好了,才发现这些问题那就为时已晚了,装修完后还要测试各个出水口是否正常。

招式8　如何进行电路工程施工

居家生活,日常用电安全非常关键。因此,装修工在进行家庭电路工程施工时要非常仔细和认真,要进行科学和合理的施工。

第一,必须严格按照图纸进行施工。施工人员进入装修现场进行电路改造前,必须先用专业仪器进行测量,查看将要使用的电线中是否存在短路现象,然后再严格按照设计人员制作的图纸进行施工。

第二,设计布线,确定位置。设计布线时,遵循强电走上、弱电在下、横平竖直、避免交叉、美观实用的原则。确定线路终端插座、开关、面板的位置时,要在墙面上标画出准确的位置和尺寸,方便日后对这些电气设备的安装。

第三,开槽埋管需谨慎。在施工过程中,装修人员要在墙面确定好暗盒的安装位置,在开线槽时,深度一般要求是所用线管的两倍,电线槽必须在墙上横平竖直,暗盒的高度也应该相一致,达到美观要求。暗线敷设必须配阻燃 PVC 管。插座用 SG20 管,照明用 SG16 管。当管线长度超过 15m 或有两个直角弯时,应增设拉线盒。天棚上的灯具位要设拉线盒进行固定。埋管时,要用管卡将 PVC 管固定,PVC 管接头均用配套接头,用 PVC 胶水粘牢,弯头均用弹簧弯曲。暗盒、拉线盒与 PVC 管要固定。

第四,将 PVC 管安装固定好以后,就要开始穿设电线,同一线路的电线应该穿设在一根管内,但管内电线的总根数不应该超过 8 根,电线总截面积不应该超过管内截面积的 40%。需要特别注意的是,电源线与通讯线不得穿入同一根管内。在穿完线之后,要用绝缘胶带和防水胶带对电源导线接头进行双层绝缘。导线在管内不应该有接头和扭结现象出现,应该将接头设在接线盒内。在导线铺设过程中,不得损坏电线的绝缘件,以免发生短路和断路现象。

第五,强弱电线之间要有一定的间距。一般来说,照明等设施使用的都是强电,而网线、电视等使用的则是弱电。要先确定每个房间及客厅的插座位置。主卧里的插座一般都放在床头柜边上,儿童房则放在书桌下面,每个房间一般都预留两个口,以防止其中一个损坏。使用 PVC 走线的时候要尽量选择在墙壁内走,不要暴露在外,以免引发安全事故。强电与弱电线之间的间距要保持在 50 厘米左右,如果达不到这个标准,可以使用屏蔽线来隔离电磁波,以切实保证用电安全。

第六,科学合理地安装开关、面板、插座、强弱电箱和灯具。同一房屋内的电源、电话、电视等插座、面板应安装在同一水平标高上,高差应小于 5mm。安装电源插座时,面向插座的右侧应接相线(L),左侧应接零线(N),中间上方应接保护地线(PE)。保护地线应为 2.5 平方的双色软线。在安装吊灯时,如果吊灯的重量在 3kg 以上,应该先在顶板上安装后置埋件,然后将灯具固定在后置埋件上,严禁将吊灯直接安装在木楔、木砖或吊灯龙骨上。连接开关、螺口灯具的导线时,相线应先接开关,开关引出的相线应当接在灯具中心的端子上,零线应接在螺纹的端子上。导线间和导线对地间的电阻必须大于

0.5MΩ。各种线盒、插座、面板的四周不得有空隙,盖板应端正安装牢固,紧贴墙面,确保面板无污染和整洁光滑。

第七,电路的验收是电路施工完成后的必要环节。在进行电路验收时,首先要确保电线导管的畅通无阻;其次要用电笔检查插座的线序,必须是左零线、右火线、上地线;再其次用电笔检查开关线序,开关必须控制火线;最后用绝缘电阻表检测各回路绝缘电阻值不小于0.5M欧姆。

招式9 如何进行地暖工程施工

地暖工程适合于北方天气寒冷地区家庭的装修。在进行地暖工程施工时,装修人员需要对地暖工程的施工工艺和流程非常熟悉,既要注意选材,又要注意施工中的细节,努力打造精品工程。

第一,要选择专用地板和地垫。所谓地暖工程,就是在地下埋管,通过管道温度传达到地板,以此来升高室内的温度。地暖工程一般需要配备地下管道、锅炉、分水器等主要配件,为保证施工和使用效果,要选择专用地板和地垫。

第二,水温需控制在30℃~50℃。有的小区是集中供热,热水供应温度一般会在60℃~90℃之间,这样的温度直接连接地板采暖系统,显然过高,不仅会因地表温度过高而造成人身体出现不适,还大大降低了地暖系统的使用寿命。因此,要先将地板采暖系统的水温控制在地暖所需的30℃－50℃后,才可以使用地板采暖系统。

第三,安装管道前要注意保温。如果房间的水泥有保护层,可以在水泥地上直接开槽埋管,但现在很少允许在地面直接开槽,一般都要把管子直接加在地面上,然后用水泥砂浆找平。具体操作是在地面铺一层塑料,然后加一层锡箔纸,再直接埋管加上水泥砂浆找平。这样做的目的是为了保温,让热气向上发散而不是传到地下或楼下。

第四,地板宜薄不宜厚。要选择环保性能好、耐热性好的地板材料,如地砖、实木复合地板或强化复合地板等,但不能铺设需要打龙骨的实木地板,因为安装龙骨时需要在地面上钉钉子,这样会破坏地暖管道。铺木地板最好选用小尺寸,这样抗变形能力会更好。地脚线不应该和地板同时安装,要等地板胶完全干透后再进行安装,防止变形。要使用地热专用纸地垫,这种地垫具有导热快、不变形等特点,而不能使用普通泡沫地垫,泡沫地垫导热慢,而且长期在高温的作用下易产生有害气体,危害人体的健康。

招式 10　龙骨安装要点

一般来说,家庭装修中需要安装龙骨的地方是吊顶、木地板和隔断墙等。下面就这三个常见的龙骨安装工程进行介绍。

第一,吊顶的龙骨安装。一般吊顶使用木质龙骨或轻钢龙骨,由于木质龙骨容易扭曲和变形,因此现在家装过程中大多使用轻钢龙骨。为了防火需要,使用木质龙骨时应该刷一到两遍防火涂料,绝不能为了图省事而忽视这一点。安装好的龙骨应牢固、可靠,四周水平偏差不得超过5毫米,超过3公斤重的吊灯或吊扇都不能悬挂在吊顶的龙骨上,而应该另设吊钩。

第二,有的家庭在装修时为了满足自身需要,做了隔断墙,做隔断墙时需要用到龙骨。一般采用规格为40毫米×70毫米的红、白松木龙骨。在确定木龙骨的立龙骨间距时应该充分考虑罩面板的尺寸,一般设定在450~600毫米之间,如有门口,两侧应各立一根通天立龙骨。横龙骨应与立龙骨开榫相接,窗口的上、下边及门口的上边应加横龙骨。

第三,现在,越来越多的家庭选择为地面铺设木地板,享受它带来的舒适和奢华。铺木地板很讲究施工工艺,要想把实木地板铺好,木龙骨的安装是关键。通常情况下,在安装木龙骨前,要对木龙骨做防腐处理,其连接方式为半槽扣接,并在扣接处涂胶加钉。然后用冲击电钻在木龙骨及地面上钻洞,用螺栓使之与地面固定,并检查木龙骨是否保持水平,如果不平应该垫上木块进行调整。龙骨上应做通风小槽,防止木板受潮后起鼓发生声响。铺木龙骨时,还要注意钉子的使用数量,钉子不能过少,也不能钉得不牢,否则待木地板铺上后,踩踏时容易产生空鼓响声。尤其是在铺强化木地板时,这点更要特别加以注意。还有一个龙骨安装要领就是木地板要纵向铺装,龙骨则与之相反,应该横向铺设,复合木地板则一般不需要铺设龙骨。

招式 11　墙面基础处理工程

在家庭装修中,墙面的处理非常关键,因为墙面面积大,位置也处于人们的第一视线内,墙面常常是家庭装修出彩出亮点的地方。但是在具体施工中,若想把墙面问题处理好,还是有些难度的。墙面是否垂直和平整,刷好的墙面是否会在一段时间后出现裂痕,墙面是否能够悬挂装饰物等,都是人们非常关注的事情。行内有句话说得好,在墙面装修中,基层为70%,涂料占30%。好的涂料就要有好的基层,好的基层必然用好的腻子和正确的施工工艺。可见,高品质的墙面不只是要做好表面文章,更要做好基础处理。

总的来说,墙面的基础处理包括铲除墙皮和修补墙面。铲除墙皮,就是在对墙壁进行涂饰之前,要检查墙面原基础老粉的厚度,如果墙面经水刷过后有起皱和空鼓现象,就应铲除原表面老粉基层。修补墙面,就是处理基层使之无松动、油污、灰尘、砂浆、孔洞、裂缝等缺陷,并进行凿毛。修补时要用修补专用绷带,绷带充分干后才能刮石膏和腻子,墙面上涂的腻子要与墙壁结合密实、牢固,不起皮、不粉化、无裂纹,防止将来出现空鼓和裂纹。

招式12 地面基础处理工程

地面装修,是家庭装修的一个重要方面。无论是给地面铺地砖、地板,还是给地面铺地毯,都要做好地面基层的处理工作。这项工作非常关键,不能遗漏和省略。那么,在装修施工过程中,对地面的基础有哪些要求呢?下面简单介绍一下。

一、要求水泥基面牢固、结实、不起壳。要想杜绝这些现象,最好的办法是将混凝土层与砂浆找平层一起浇注;如果先捣混凝土层,则要求砂浆层的厚度不低于4cm,叉车道则要求更厚一些。

二、要求地面基层不起砂、硬度好、没有水泥粉化的现象。

三、要求水泥基面平坦、无凸凹不平、蜂窝麻面、水泥疙瘩等。

四、要求地面平整性不大于涂装要求的厚度。

五、要求地面基层干燥无油污,含水量小于6。

六、要求地面基层无其他油漆、乳胶漆等残渣。

为了使铺贴后的地面平整、光亮、不空鼓,基于上面的各项要求,我们可以对地面基层进行以下处理:

一、为使地面达到完美的效果,要对尚未进行找平的地面进行找平处理,在此基础上做的环氧涂装层的表面效果会更平整和光亮,使用寿命也会大大提高。

二、待水泥层干燥后，用打磨机对地面进行整体打磨处理，使其表面平整，水泥毛细孔全部张开。

三、对于有油污的水泥地面，先用菲凡士处理剂进行喷洒，然后用水冲湿地表面，反复擦洗，直到无油污为止。

四、对于地坪碱性太大的，先用菲凡士处理剂进行中和，然后用清水冲洗。

五、对于潮湿的地面，通过吸水、擦干、太阳光照、灯照、热风机烘干等手段，使其干燥程度达到施工要求。

六、对于有旧油漆的地面，先用菲凡士处理剂机械铲除旧油漆，然后对不良水泥、金刚砂地面进行处理，同时对地面进行打毛。地面经过这样处理后，不牢固的旧水泥及金刚砂表面会被彻底清除掉，并且形成粗毛面，从而提高新涂层的附着力，提高涂装地坪的使用寿命。

招式 13　如何做好防水工程

防水工程属于房屋装修中的"隐蔽工程"，是装修过程中的一个重要环节，绝对不能忽视。如果在装修房屋时，不做好防水工程，就会留下安全隐患，为日后的居住带来很大的麻烦。那些居住没多久，家里的厨房、洗手间和阳台等地方就出现渗水、漏水等现象的业主，一定是当初装修房屋时没有让装修人员做好防水工程。另外，墙壁一旦渗水，不但影响墙体美观，那些与墙体和墙面接触的木质家具也会遭殃，变得发霉和腐烂，让居住环境的卫生情况大打折扣，带来一定的经济损失。因此，在装修时一定要做好防水工程，既要做全，又要做好，不然到日后出现这样或那样的问题的时候，就追悔莫及了。

具体来说，应该从以下几个方面着手做好防水工程：

第一，如果没有特别的必要就不要破坏原有的防水层。一般情况下，新交付使用的楼房中，卫生间、厨房和阳台的地面都按照相关的规范做了防水层，所以若不破坏原有的防水层，入住后一般是不会发生渗漏现象的。只不过，现在的居家装修中，会增加一些卫生间的洗浴设施，会对多种上下水管线进行重新的布局或移动，这样就严重破坏了原有的防水层，为日后的使用埋下了安全隐患。倘若不及时对防水层进行修补或重新做防水施工，就会引发居住后出现渗水或漏水问题。因此，装修时一定要保护好原有的防水层，若不慎损坏，就要及时进行修补或重做，不要给以后留下隐患，引来不必要的麻烦。

第二，做防水工程时，要注意将接缝处涂刷到位。墙与地面之间的接缝、上下水管道与地面的接缝处及"地漏"处是最容易出现渗水或漏水问题的地方。因此，在做防水工程时，要特别注意加强对这些部位的防水。装修人员不能马马虎虎怕麻烦，要将边边角角都涂刷上防水涂料。另外，厨房、卫生间的上下水管要做好水泥护根，即从地面起向上涂刷10~20厘米的防水涂料，然后地面再重新做防水，加上原有防水层，组成复合型防水层，以增强防水效果。注意，卫生间的防水应在1.8米以上，厨房的防水层也应不低于30厘米。

第三，墙面防水至关重要。通常情况下，在卫生间进行洗浴时，无论你多么小心，水都会多多少少溅到邻近的墙面上。如果墙壁没有做防水的话，时间久了，墙壁上就会因潮湿而出现霉斑，影响美观，即使用清洁剂将表面的霉渍清除掉，但过了不多久，霉渍又会破墙而出，出现在墙壁上。因此，一定要在铺贴瓷砖之前，做好墙壁的防水工作，将整面墙都进行防水处理，才能避免日后霉渍滋生的局面。给墙面刷防水涂料时，需要对墙面均刷两遍防水涂料至顶面，然后在顶面折返刷10公分防水涂料，并用防水涂料将阴角全部封严，从而有效遏制水蒸气对墙体的渗透。

第四，对墙内铺设的水管凹槽做防水处理。在进行防水施工过程中，有管道凹槽、地漏等的地方，其孔洞周边也必须认真地做上一层防水层，这样即使以后有漏水，也不会弄湿墙里面。

第五，做防水时要保持下水的通畅。卫生间中所有的下水管道，包括地漏、卫生洁具的下水管道都要保持通畅。厨房、卫生间的地面必须坡向地漏口，适当加大坡度。

第六，做完防水后一定别忘了做防水实验。在防水工程完工，且地面或墙面完全晾干后，要做防水实验。先看卫生间的防水实验。首先要将门口和下水口封好，在卫生间地面蓄水达到一定液面高度时，做上相应的记号。其次，要告知楼下住户注意，如果24小时以内他家的屋顶没有发生渗漏，卫生间地面的蓄水也无明显下降，就证明防水工程合格。如果出现这些问题，就证明验收不合格，需要重新做防水，直到验收合格为止。对于墙体的防水实验需要进行淋水,即用水管在做好防水涂料的墙面上自上而下不间断地喷淋3分钟,4个小时后观察墙体的另一侧是否会出现渗透现象,如果未发生渗透现象,就可以认为墙面的防水工程合格,否则,还得重新再做。

温馨提示

家装电路布线需合理

一、走廊和过厅的布线。应为2支线路,包括电源线和照明线。灯具选择应根据走廊的长度和面积来定。如果走廊比较宽畅,可以选择安装顶灯和壁灯;如果走廊面积不大,比较狭窄,就要选择安装顶灯或透光玻璃顶。

二、客厅的布线。客厅布线一般为8支线路,包括电源线(2.5平方毫米铜线)、照明线(2.5平方毫米铜线)、空调线(4平方毫米铜线)、电视线(馈线)、电脑线(5类双脚线)、电话线(4芯护套线)、对讲机或门铃线(可选用4芯护套线,备用2芯护套线)、报警线(指烟感、红外报警线,选用8芯护套线)。

三、卧室的布线。卧室布线一般为7支线路,包括电源线、照明线、空调线、电视线、电话线、电脑线、报警线。

四、书房的布线。书房布线一般为7支线路,包括电源线、照明线、电脑线、电视线、电话线、空调线、报警线。

五、餐厅的布线。餐厅的布线一般为3支线路,包括电源线、照明线和空调线。灯管照明最好选用暖色调,开关宜安装在门内侧。

六、厨房的布线。厨房的布线一般为2支线路,包括电源线和照明线。电源线最好选用4平方毫米线,电源接口距离地面不得低于50厘米,避免因为潮湿而造成电路短路。照明灯的开关最好安装在厨房门的外侧。

七、卫生间的布线。卫生间的布线应为3支线路,包括电源线、照明线和电话线。电源线以选用4平方毫米线为宜,接口最好安装在不会受到水浸泡的地方。照明灯、换气扇或镜灯的开关应该安装在门外侧。

八、阳台的布线。阳台的布线应为2支线路,包括电源线和照明线。照明灯应设在不影响晾衣物的墙壁上,或暗装在挡板下方,开关应该安装在与阳台门相连的室内,不应该装在阳台内,以防雨水浸泡和太阳直射。

第三章
15招教你装靓墙面

招式14：教你如何抹灰
招式15：放线三要点
招式16：常见的墙面装饰方法
招式17：如何给墙面喷涂乳胶漆
招式18：如何选择环保涂料
招式19：刷涂料要看气候
招式20：墙面裱糊工艺
招式21：如何进行塑料壁纸的裱糊
招式22：如何进行玻璃纤维布和无纺墙布的裱糊
……

在装修工程中，墙面的装修是"重头戏"，不仅因为墙面占据的空间大，位置重要，还因为墙面的色调和风格对整个居室装修效果影响很大，如果将墙面的装修工作做好了，就可以在一定程度上掩盖装修中其他环节的不足。因此，我们要重视墙面的装修。总的来说，进行墙面的装修，要本着保护墙体、增强墙体的坚固性、耐久性，改善墙体的保温、隔热和隔声能力以及美化墙面的目的进行装修，同时还要在装修过程中兼顾墙面的艺术效果，最大限度地美化居室，创造一个舒心的居家环境。

行家出招

招式 14　教你如何抹灰

抹灰，就是用水泥砂浆在砌体或者混凝土墙面或顶棚面抹一层装饰层，为墙砖或墙纸的铺贴打下基础，使贴装好的墙面变得更加牢固和美观。做好抹灰，需要注意以下几个方面。

首先要准备抹灰用的材料。

第一，水泥。宜采用普通水泥或硅酸盐水泥，也可采用矿渣水泥、粉煤灰水泥、火山灰水泥或复合水泥。宜采用 32.5 级以上同一强度等级的水泥。水泥的颜色要一致、批号要一致，品种要同一、厂家要同一。水泥进场时需要对产品的名称、产品的代号、产品的净含量、产品的强度等级和外包装上的生产许可证编号、生产地址、出厂编号、执行标准、日期等进行仔细的检查，同时别忘了验收合格证。

第二，砂。宜采用平均粒径 0.35~0.5mm 的中砂，在使用前应根据使用要求进行过筛，筛好后保持砂质的洁净。

第三，石灰粉。使用石灰粉之前，要将其磨细，石灰粉的细度不要超过 0.125mm 的方孔筛，累计筛余量不大于 13%，使用前要用水浸泡，使石灰粉充分熟化，熟化时间最少不小于 3d。具体浸泡方法如下：提前备好大容器，均匀地往容器中撒一层生石灰粉，浇一层水，然后再撒一层，再浇一层水，依次重复进行。当达到容器的 2/3 时，将容器内放满水，使之熟化。

第四，石灰膏。将石灰膏与水调和后，石灰膏具有凝固时间快，并在空气中硬化、硬化时体积不收缩的特性。如果选择用块状的生石灰进行淋制，应该先用筛网过滤，将其贮存在沉淀池中，使其充分熟化。熟化时间常温一般不少于15d。使用石灰膏时，里面不得含有未熟化的颗粒和其他杂质。要对放在沉淀池中的石灰膏加以保护，防止其干燥、冻结和污染。

第五，纸筋。使用纸筋前，要注意用水将其浸透，然后捣烂成糊状，确保纸筋的洁净和细腻。用于罩面时宜用机械碾磨细腻，也可制成纸浆。要求稻草、麦秆坚韧、干燥、不含杂质，其长度不得大于30mm，稻草、麦秆应经石灰浆浸泡处理。

其次，要准备好抹灰用的主要机具，如麻刀机、砂浆搅拌机、纸筋灰拌合机、窄手推车、铁锹、筛子、水桶、灰槽、灰勺、刮杠、靠尺板、线坠、钢卷尺、方尺、托灰板、铁抹子、木抹子、塑料抹子、八字靠尺、方口尺、阴阳角抹子、长舌铁抹子、金属水平尺、捋、软水管、长毛刷、鸡腿刷、钢丝刷、茅草帚、喷壶、小线、钻子、粉线袋、铁锤、钳子、钉子、托线板等。

再其次，要做好抹灰前的准备工作。

第一，抹灰之前应熟悉施工图纸、设计说明和其他相关的设计文件。

第二，在进行抹灰之前要检查门窗框安装的位置是不是正确，需要埋设的接线盒、电箱、管线和管道套管是不是固定和牢固。连接处缝隙应用1∶3水泥砂浆或1∶1∶6水泥混合砂浆分层嵌塞密实，如果缝隙较大，应在砂浆中掺少量麻刀嵌塞，将其填塞密实，并用塑料贴膜或铁皮将门窗框加以保护。

第三，应该剔平混凝土过梁、梁垫、圈梁、混凝土柱、梁等表面凸出部分，将蜂窝、麻面、露筋、疏松部分剔得恰到好处，并刷胶黏性素水泥浆或界面剂。然后用1∶3的水泥砂浆分层抹平。脚手眼和废弃的孔洞应堵严，外露钢筋头、铅丝头及木头等要剔除，窗台砖补齐，墙与楼板、梁底等交接处应用斜砖砌严补齐。

第四，应该将配电箱、消火栓和卧在墙内的箱等背面露明部分加钉和钢丝网固定好，并涂刷一层胶黏性素水泥浆或界面剂，钢丝网与最小边搭接尺寸不应小于10cm。窗帘盒、通风箅子、吊柜、吊扇等埋件、螺栓位置，标高应准确牢固，且做好防腐、防锈工作。

第五，应该将抹灰基层表面的油渍、灰尘、污垢等清除干净，并提前浇水，使抹灰墙面均匀湿透。

第六，抹灰前最好完成屋面防水及上一层地面，如没完成防水及上一层地面需进行抹灰时，必须有防水措施。

第七，抹灰前应先搭好脚手架或准备好高马凳，架子应离开墙面20~25cm，便于操作。

第八，抹灰工程的环境温度应不低于5摄氏度，如果必须在低于5摄氏度抵御的气温下施工，也应该采取保证工程质量的有效措施。

最后，进行具体的抹灰操作工艺。

第一，基层清理。清除基层表面的残留灰浆、石头灰、尘土等杂物。表面凿毛或在表面洒水润湿后涂刷1:1水泥砂浆。

第二，浇水湿润。一般在抹灰前一天，用软管或胶皮管或喷壶顺墙自上而下浇水湿润。

第三，根据设计图纸要求的抹灰质量，吊垂直、套方、找规矩、做灰饼。根据基层表面平整垂直情况，用其中一面墙做基准，吊垂直、套方、找规矩，确定抹灰厚度，抹灰厚度不应小于7mm。当墙面凹凸程度较大时应该分层衬平。每层厚度不大于7~9mm。操作时应先抹上灰饼，再抹下灰饼。抹灰饼时要根据室内抹灰要求来确定灰饼的正确位置，再用靠尺板找好垂直与平整。灰饼宜用1:3水泥砂浆抹成5cm见方形状。房间面积较大时应先在地上弹出十字中心线，然后按基层面平整度弹出墙角线，随后在距墙阴角100mm处吊垂线并弹出铅垂线，再按地上弹出的墙角线往墙上翻引弹出阴角两面墙上的墙面抹灰层厚度控制线，以此做灰饼，然后根据灰饼充筋。

第四，抹水泥地脚。灰饼充筋抹好了，就要在底层抹1:3水泥砂浆，抹好后用大杠刮平，木抹搓毛，第二天再用1:2.5水泥砂浆抹面层并压光。抹地脚或墙裙厚度应符合设计要求，无设计要求时凸出墙面5~7mm为宜。凡凸出抹灰墙面的地脚或墙裙上口必须保证光洁顺直，地脚或墙面抹好将靠尺贴在大面与上口平，然后用小抹子将上口抹平压光，凸出墙面的棱角要做成钝角，不得出现毛茬和飞棱现象。

第五，做墙柱间的阳角护角。在墙、柱面抹灰前用1:2水泥砂浆做护角，要求高度在自地面以上2m。然后在墙、柱的阳角处浇上水使其湿润。具体施工工艺是：首先在阳角正面立上八字靠尺，靠尺突出阳角侧面，突出厚度与成活抹灰面平。然后在阳角侧面，依靠尺边抹水泥砂浆，并用铁抹子将其抹平，按护角宽度铲除多余的水泥砂浆。其次是待水泥砂浆稍干后，将八字靠尺移到抹好的护角面上。在阳角的正面，依靠尺边抹水泥砂浆，并用铁抹子将其抹平，按护角宽度将多余的水泥砂浆铲除。抹完后去掉八字靠尺，用素水泥浆涂刷护角尖角处，并用捋角器自上而下捋一遍，使形成钝角。

第六，抹水泥窗台。先清扫和整理窗台的基层表面，使之保持干净和清洁，并把松弛摇动的砖重新补砌好。将砖缝划深，用水润透，然后用1:2:3豆石混凝土铺实，厚度宜大于2.5cm，次日刷胶黏性素水泥一遍，随后抹1:2.5水泥砂浆面层，待表面达到初凝后，浇水养护2～3d，窗台板下口抹灰要平直，没有毛刺。

第七，墙面充筋。当灰饼砂浆的干燥程度达到八成左右时，就可以用与抹灰层相同的砂浆进行充筋，充筋的根数应根据房间的宽度和高度确定，一般标筋宽度为5cm。两筋间距不大于1.5m。当墙面高度小于3.5m时宜做立筋。大于3.5m时宜做横筋，做横向充筋时灰饼的间距不宜大于2m。

第八，抹底灰。一般情况下，当充筋完成2小时左右时，就可以开始抹底灰。抹底灰前应该先抹一层薄灰，将基体抹严，抹时要注意用力压实，使砂浆挤入细小的缝隙内。接着用木杠刮找平整，用木抹子搓毛。然后，全面检查底子灰是否平整，阴阳角是否方直、整洁，管道后与阴角交接处、墙顶板交接处是否光滑平整、顺直，并用托线板检查墙面垂直与平整情况。散热器后边的墙面抹灰，应在散热器安装前进行，抹灰面接茬应平顺，地面地脚板或墙裙，管道背后应及时清理干净，做到活完底清。

第九，及时对预留孔洞、配电箱、槽、盒进行修抹。当底灰抹平后，要随即由专人把预留孔洞、配电箱、槽、盒周围5cm宽的石灰砂刮掉，并清除干净，用大毛刷沾水沿周边刷水湿润，然后用1:1:4水泥混合砂浆，把洞口、箱、槽、盒周边压抹平整、光滑。

第十，抹罩面灰。当底灰干燥程度达到六七成时，可以开始抹罩面灰，罩面灰一般两遍成活，厚度约2mm，操作时最好两人同时配合进行，一人先刮一遍薄灰，另一人随即抹平。依照先上后下的顺序进行施工，然后赶实压光，压时要掌握住火候，既不要出现水纹，也不可压活，压好后随即用毛刷蘸水将罩面灰污染处清理干净。施工时整面墙不宜甩破活，如遇有预留施工洞时，可甩下整面墙为宜。

招式15 放线三要点

准确地测量放线，对装修出高质量的居所影响很大。测量放线时需要注意以下几点：

第一，墙和地面要分格对缝。很多装修中，墙和地面的块材分格是对缝设计的，这就需要测量的平面轴线间距尺寸要非常准确。如果稍有偏差，则墙面块材施工后，地面在施工时就很难和墙面对缝。

第二，弧形墙是异形石材施工，对现场的测量放线提出了更高更严格的要求，由于现在异形石材都要采用数控加工中心加工，加工精度很高，如果现场测量放线不准确的话将导致精确加工的弧形墙石材部件无法准确安装，所以必须使测量放线按石材加工图纸尺寸进行，误差必须控制在 1.0mm 以内。石材加工精度不应有负误差，而应稍有富余量。

第三，在对设计了图案和花饰的墙面进行施工时，由于这些材料大多用数控加工或水刀切割成型，加工精度极高，所以在施工时首先要将图案或花饰块的尺寸、形状进行精确的测量，并放样到施工部位。施工时应特别注意花饰、图案的轴线或控制点位，应首先施工花饰和图案，再施工邻近的石材，这样才能消除一些施工误差。如能在设计中采用错缝连接就更好了。

招式 16 常见的墙面装饰方法

在家居装修中，墙面的装饰方法可谓五花八门，各有千秋。装修工人要根据不同业主的不同爱好和选择，装饰出不同风格和材质的墙面来，以满足业主的需求。常见的墙面装饰方法有四种，下面作具体的介绍。

第一，刷涂料。这是对墙面最简单也是最普遍的装修方式，家庭简单装修中常常用到它。通常是对墙壁进行基层处理，用腻子找平，打磨至光滑平整，然后刷涂料。上部与顶面交接处用石膏线做阴角，下部与地面交接处用地脚线收口。这种处理简洁明快，房间显得宽敞明亮，但缺少变化。可以通过悬挂画框、照片、壁毯等，配以射灯打光，进行点缀。这里需要提醒的是，一定要选择正规厂家生产的环保乳胶漆涂料对墙体进行粉刷。因为当前家居生活提倡绿色环保装修。乳胶漆是水性无毒无味的油漆，在涂刷过程中不会产生刺激性的气味，不会对人体、生物和周围环境造成危害。而且乳胶漆具有防霉和防潮功能，漆面长久不会褪色，能保持三五年的崭新鲜亮，即使不小心弄脏了，用温和的清水就能轻而易举地将墙面上的污垢污渍抹洗干净，恢复油漆本来面貌。

第二，贴壁纸。壁纸是墙壁装修的另一种主要方式。壁纸的种类非常多,有几百种甚至上千种,色彩、花纹非常丰富。壁纸脏了,清洁起来也很简单,新型壁纸都可以用湿布直接擦拭。壁纸用旧了,可以直接把表层揭下来,无须再经过墙面处理,直接贴上新壁纸就可以了,非常方便。贴壁纸非常容易,当墙壁的基层处理平整后,就可以直接铺贴壁纸了。

第三,铺板材。先给整个墙面都铺上基层板材,再在外面贴上装饰面板,会装饰出雍容典雅的整体效果。这样的装修完全基于密度板材切割方便、边缘整齐平直的特点,通过板材的拼接来做直线、坑槽等造型,装饰出令人满意的效果来。但这种装饰也有缺点,它会使房间显得更加拥挤。比较实用的方法是用密度板等板材进行整面铺墙,在上面刷上白色乳胶漆,从外表上看不出是用板材装修的,这样处理的墙面既平整、细致,又避免了大量使用板材而带来的拥挤感。

第四,做"石墙"。一般情况下,"石墙"分为两种。一种是文化石饰墙,就是用鹅卵石、板岩、砂岩板等按照一定的形状砌成一面墙。文化石的吸水率低,耐酸性强,不易风化,吸音效果显著,装饰性非常强,主要用于客厅的装饰。另一种是石膏板贴面,石膏板上雕有起伏不平的砖墙缝,贴在墙壁上凹凸分明,在灯光的照射下,层次感非常强烈,装饰效果显著。一般来说,从安装方法上,石膏板贴面墙可以分为利用龙骨法贴面墙和利用粘贴法贴面墙。下面对它们的安装流程具体做一下介绍。1. 利用龙骨法贴面墙的步骤:选择边龙骨或横龙骨作为沿顶、沿地龙骨固定于顶棚和地面;安装固定夹,用膨胀螺栓将其固定在墙上;将覆面龙骨插入沿顶和沿地龙骨内,并根据墙体的厚度进行找平,用自攻钉将固定夹两翼与覆面龙骨固定牢固;在空腔内敷设各种管线或岩棉,空腔较小时,线盒可以直接埋入墙内;空腔较大时,线盒用螺钉固定在横撑龙骨上。最后,在覆面龙骨上安装石膏板,施工就算完成了。2. 利用粘贴法贴面墙的步骤:先用水平尺测量墙面的平整度,找出凹凸不平的地方,并根据设计要求在顶部和地板上弹线以确定石膏板的安装位置;在墙面上标出石膏板的安装位置线,将黏结材料,均匀密集地涂抹在墙的四周,选择从石膏板边线处向内涂点的方法。黏结料每块宽度为70mm,长度为200mm。黏结材料横向间距应小于400mm,竖向间距应小于450mm。粘结料距石膏板边缘25mm;从墙的一侧开始安装石膏板,石膏板距离地面约15mm;用靠尺竖向轻轻拍打石膏板,使石膏板粘贴牢固并与定位线对齐;用垫条临时支撑石膏板底部,等黏结材料凝固后再去掉即可。

招式 17 如何给墙面喷涂乳胶漆

乳胶漆是装修施工中常常用到的涂料。它是一种有机涂料，是以合成树脂乳液为基料，再加入颜料和填料及各种助剂配制而成的一种水性涂料。乳胶漆的种类繁多，根据生产原料的不同，可以分为聚醋酸乙烯乳胶漆、乙丙乳胶漆、纯丙烯酸乳胶漆、苯丙乳胶漆等品种；根据产品适用环境的不同，可以分为内墙乳胶漆和外墙乳胶漆两种；根据装饰的光泽效果可以分为无光、亚光、半光、丝光和有光等类型。内墙乳胶漆是目前居室装修应用最普遍的装饰材料之一，其具有施工方便、遮盖力强、色彩丰富、耐擦洗等许多优点，能够给家庭提供一个温馨的环境。下面就以内墙乳胶漆为例，介绍一下给墙面喷涂乳胶漆的方法。

要想将内墙乳胶漆喷涂好，装饰出良好的墙面效果，就要注意施工工艺和技巧。喷涂前，除了对墙面做好基层处理外，还应对所用涂料进行检查。检查乳胶漆或其他涂料的质量情况，检查产品有无品名、种类、颜色、生产日期、贮存有效期、使用说明书、产品合格证和生产厂家等，符合规定时再使用。对已打开包装后使用的涂料，因水分或溶剂蒸发而黏度增大时，可以加少量水或稀释剂稀释。对于"浓缩型"乳胶漆，则应按产品说明书规定的量加水搅拌，搅拌应手工缓慢进行，不要强烈搅拌或用手持式搅拌机搅拌。对于乳胶漆或其他水性涂料，若泡沫太多，可用少量磷酸三丁酯或正丁醇、水性硅油等水性涂料消泡剂消泡。

在喷涂涂料前，还应将不喷涂且不易采用遮板遮挡的部位或物件用塑料布或其他材料完全遮挡好。乳胶漆喷涂时的环境温度不应低于乳胶漆使用说明书规定的最低施工温度。雨天施工时，应注意关闭有风雨侵蚀威胁的门、窗。要将喷涂压力保持在 0.5~0.8MPa。根据气压、喷涂直径、乳胶漆稠度来调整喷斗的进气阀，使喷出的乳胶漆成为雾状。采用喷斗喷涂时，应选用 2mm 直径的喷嘴。

对墙面进行喷涂时，应先喷涂门、窗口的侧边，然后喷涂大面。因为门、窗侧边往往容易漏喷。一般墙面喷两道即可成活，两道之间的间隔时间为 2 小时以上。在分层喷涂时，要注意上下涂料层的搭接处颜色要一致、薄厚要均匀，且要防止漏喷与流淌。手握喷斗要稳，出料口与墙面要垂直，喷斗距墙面的距离为500mm左右。离墙过近易出现过厚、流挂、发白等现象。喷斗要垂直于喷涂物面。不可有倾斜,以免出现虚喷发花。要求一道紧挨一道,不应漏喷、流挂。发现漏喷时应及时补喷。注意开喷不要过猛,无料时要及时关掉气门。

招式18 如何选择环保涂料

在大力提倡绿色环保装修的今天,把好材料关非常重要,它能从源头上减少有害物质在室内的释放,进而减少装修污染对人体的损害。因此,无论是哪一道施工程序,一定要选择环保的材料进行施工。

对于墙面而言,涂料的选择对墙面的装饰很关键。时下的涂料,色彩繁多,呈个性化、环保化和多功能化发展趋势。为了减少墙面的空鼓、起皮、掉色等现象,减少涂料对人体带来的危害,最好选择环保涂料。

为了追求个性,体现居室主人的风格,在涂料选择上,可以选择简洁、优雅的色调,如浅灰、冷蓝、浅丁香、黄绿、蓝绿、亮黄、泥土般的浅褐、蓝紫等色彩。而在环保、健康上,则要选择以乳胶漆为代表的水性涂料。这样的涂料不含苯、游离甲醛等有害物质,而且添加了防霉因子和改性超微粒子,能够有效阻止各种细菌、霉菌和酵母菌对墙面的污染。在选择购买时要看产品有无商标和产品说明书,要看产品是否经过政府认可的检测部门的安全性检测,可参照技术监督局、中国环境标志认证委员会等相关权威部门的认证进行购买。除此之外,还要通过感觉判断乳胶漆的质量好坏。可以观察一下漆的颜色,色泽水白、晶莹剔透,无发红、泛黑和沉淀现象的,当属好漆。也可以闻一下漆的味道,环保型的油漆气味温和、淡雅,芳香味纯正,而劣质漆则常常有一种强烈的刺鼻气味或其他不明异味。还可以将油漆桶提起来感觉一下重量。如果是正规大厂生产的真材实料的油漆,晃一晃油漆桶几乎听不到声音,而劣质油漆由于黏度过低,可能会发出"稀里哗啦"的响声。

招式19 刷涂料要看气候

给墙面刷涂料,也要视气候条件而定。涂料在温和的气候条件下,可以发挥更好的性能。炎热、寒冷等恶劣的气候条件将使涂装质量大打折扣。

第一,天气不要太冷。对多数涂料而言,最低的涂装温度是10度,这里指的是基材的表面温度和空气温度。在低温条件下,无论是乳胶漆还是油性涂料,都会遭遇刷涂困难的情况,不仅妨碍了涂层的正常干燥过程,而且使潮湿的涂料容易吸附空气中的灰尘、昆虫和花粉。

第二,天气不要太热。因为受乳胶漆成膜方式的限制,过热的天气会使涂料干燥过快,并使耐久性受到影响。因此,要避免在下列条件下进行涂装,尤其是多种情况并存的时候:空气或基材表面的温度超过32摄氏度;阳光直射的情况下;多风的天气;湿度低;涂装在年代久远、非常多孔的基材上,如陈旧的、风化的水泥表面。

第三,如果正值高温天气,家庭装修又迫在眉睫,给墙面刷涂料时就要注意两个细节。为了使涂料达到正常的使用效果,先要在地面上洒上水,让室内空气保湿,净化空气中的灰尘。避免因天气过于干燥,油漆中容易吸附很多颗粒而在涂刷时产生气泡的现象。其次,每一次涂刷必须保证足够的时间间隔。由于是高温天气,涂刷在墙面上的漆会迅速干燥,这个时候不能盲目地开始第二次涂刷,这只是高温天气导致的"表干"现象,里面并不曾干透,如果此时涂了第二层涂料,会使涂料容易脱落,影响墙面的涂刷效果。因此,在刷完第一次涂料后,最好晾上两三个小时再涂第二层为好。

第四,如果天气阴冷潮湿,最好不要给墙面刷涂料,那样会大大影响涂料的上墙效果。一旦非刷不可,就要等刷好一遍的涂料完全干透,才能再刷第二遍,以免涂料没干透,造成脱落和裂缝。

招式20 墙面裱糊工艺

由于壁纸和墙布的图案、花纹丰富,色彩鲜艳,更显得室内装饰豪华、美观、艺术、雅致,故壁纸和墙布成为很多人装饰墙面的首选。

裱糊工程就是将壁纸和墙布用胶黏剂裱糊在墙面结构基层的表面上。裱糊工程中常用的材料有普通壁纸、塑料壁纸、玻璃纤维墙布、无纺墙布及胶黏剂。下面介绍一下裱糊的具体工艺。

一、基层处理要求:新建毛坯房的混凝土或抹灰基层墙面在刮腻子前应该涂刷一层抗碱封闭底漆;已经刷过漆的旧墙面在裱糊前应清除疏松的旧装修层并涂刷界面剂;混凝土或抹灰基层的含水率不能大于8%;木材基层的含水率不能大于12%;基层腻子应该达到平整、坚实、牢固、无粉化、无起皮和无裂缝的效果;基层表面的平整度、立面的垂直度及阴阳角的方正程度应该达到高级抹灰的要求;基层表面颜色应一致;裱糊前应该用封闭底胶涂刷基层。

二、裱糊方法:墙面和柱面的裱糊常用方法有搭接法裱糊和拼接法裱糊。顶棚裱糊一般采用推贴法进行。

三、裱糊施工技术要点:

1. 裱糊前,应该按照壁纸和墙布的品种、质地、花色和规格进行选配、拼花、裁切和编号,裱糊时应按照编号的顺序进行粘贴。

2. 裱糊使用的胶黏剂应该按照壁纸或墙布的品种选配,应具备防霉、耐久等性能。如有防火要求,则应具备耐高温、不起层的性能。

3. 裱糊时,除了本身标明必须"正倒"交替粘结的壁纸外,壁纸的粘贴应该按同一方向裱糊。

4. 裱糊时,墙面应采用整幅裱糊的方式,遵循先垂直面后水平面,先细部后大面,先保证垂直后对花拼缝,垂直面是先上后下,先长墙面后短墙面,水平面是先高后低的原则。不足一幅的墙布或壁纸应该裱糊在较暗或不明显的部位。

5. 裱糊时,阳角处应无接缝,应包角压实,阴处应断开,并应顺光搭接。

6. 赶压气泡时,对于压延壁纸可用钢刮板刮平;对于发泡及复合壁纸,则严禁使用钢板刮刀,只可用毛巾、海绵或毛刷赶平。

7. 要随时擦净挤出的胶液,不要让胶液粘在墙壁和壁纸上。

招式21 如何进行塑料壁纸的裱糊

塑料壁纸以纸为基层,用高分子乳液涂布面层,再进行印花、压纹等工艺而制成。具有可擦洗、耐光、耐老化、颜色稳定、无毒、施工简单等优点,且花纹图案丰富多彩,富有质感,适于粘贴在抹灰层、混凝土基层、纤维板、石膏板和胶合板表面。

对墙面进行塑料壁纸的裱糊,要把握住以下几个要点:

第一,进行裱糊前,应该将基层表面的灰砂、污垢和尘土清除干净,有磕碰、麻面和缝隙的部位应该用腻子抹平抹光,保持平整。然后再用橡皮刮板在墙面上满刮一遍腻子,待墙面干燥后再用砂纸磨平磨光,并将灰尘清扫干净。涂刷后的腻子要坚实牢固,不得粉化、起皮和出现裂缝。石膏板基层的接缝处和不同材料基层相接处应该糊条盖缝。

第二,为防止基层吸水过快而影响壁纸与基层的粘结效果,可以用排笔或喷枪在基层表面先涂刷1~2遍1:1的107胶水溶液作底胶进行封闭处理,要求薄而均匀,不得出现漏刷和流淌现象。

第三,为使壁纸粘贴的花纹、图案和线条纵横连贯,形成一体,在底胶干固后,要根据房间的大小、门窗的位置、壁纸的宽度和花纹图案的完整性进行弹线,弹线时从墙的阳角开始,以壁纸宽度弹垂直线,作为裱糊时的操作基准线。

第四,粘贴壁纸前应该进行预拼试贴,以确定裁纸尺寸,使接缝花纹完整,取得良好的装饰效果。裁纸应根据弹线实际尺寸统筹规划,并编号按顺序粘贴,一般以墙面高度进行分幅拼花裁切,并注意留有20~30mm的余量。裁切时要用尺子压紧壁纸,刀刃紧贴尺边,一气呵成,使壁纸边缘平直整齐,不得有纸毛和飞刺现象。

第五,由于塑料壁纸有遇水膨胀、干后自行收缩的特性,因此,应该将裁好的壁纸放入水槽中浸泡3~5分钟,取出后把明水抖掉,静置10分钟左右,使纸充分吸湿伸胀,然后在墙面和纸背面同时刷胶进行裱糊。

第六,胶黏剂要涂刷均匀,不能漏刷。如用背面带胶的壁纸,则只需要在基层表面涂刷胶黏剂。

第七,具体裱糊时,应以阴角处事先弹好的垂直线,作为裱糊第一幅壁纸的基准;从第二幅开始,采取先上后下对称裱糊的方式,对缝必须严密,不显接茬,花纹图案的对缝必须端正相吻合。拼缝对齐后,再用刮板由上往下抹压平整,挤出的多余胶黏剂用湿棉丝及时揩擦干净,不得有气泡和斑污,上下边多出的壁纸可用刀切削整齐。每次裱糊两三幅壁纸后,就要及时吊线检查一下垂直线,以防造成累积误差,不足一幅的壁纸应该裱糊在较暗或不显眼的部位。对裁纸的一边可在阴角处搭接,搭缝宽5~10mm,要压实,无张嘴翘舌现象。阳角处只能包角压实,不能对接和搭接,所以施工时对阳角的垂直度和平整度要更加严格地加以控制。大厅明柱应该在侧面或不显眼处对缝。裱糊到电灯开关、插座等处时应该剪口做标志,以后再安装纸面上的照明设备或附件。壁纸与挂镜线、贴脸板和地脚板等部位的连接也应吻合,不得有缝隙,要切实确保接缝的严密和美观。

第八,贴好整个房间后,应该进行全面而细致的检查,对未贴好的局部进行清理修整，要求修整后不留痕迹，然后将房间封闭予以保护。

招式22 如何进行玻璃纤维布和无纺墙布的裱糊

玻璃纤维墙布，是一种以玻璃纤维布为基层，在表面涂上耐磨的树脂，然后印压成彩色的图案、花纹或浮雕的墙布。无纺墙布是采用棉、麻等天然纤维或涤、晴等合成纤维，经过无纺成型、上树脂、印压彩色花纹和图案而成的一种高级装饰墙布。这两种材料的裱糊工艺大致相同，施工时具体应该注意以下几点：

第一，对基层进行处理。玻璃纤维墙布和无纺墙布的布料较薄，盖底力较差，因而应该注意基层颜色的深浅和均匀程度，防止裱糊后色彩不一，影响装饰的效果。若基层表面的颜色较深或相邻基层颜色不同时，应该满刮石膏腻子，或在胶黏剂中掺入适量白色的涂料。

第二，裁剪墙布。要在清洁宽敞的场所裁布，裁剪前应该根据墙面的尺寸进行分幅，并在墙面上弹出分幅线，然后确定需要粘贴的长度，并应适当放长100~150mm，再按照墙布的花色图案及深浅进行选布和剪裁，以便同一幅墙面的颜色一致，图案完整。用剪刀剪成段时，裁边应该顺畅笔直，剪裁后应该将墙布卷拢，横放贮存备用，切勿直立，以免玷污墙布或碰毛墙布的布边，影响美观。

第三，刷胶黏剂。羧甲基纤维素应先用水溶化，经10小时左右后用细眼纱进行过滤，除去杂质，再与其他材料调配并搅拌均匀。调配量以当天用完为限。由于玻璃纤维布和无纺墙布无吸水膨胀现象，故裱糊前无须用水湿润。粘贴时墙布背面不用刷胶，否则胶黏剂容易渗透到墙布表面影响美观。

第四，用排笔在基层上刷好胶黏剂后，就可以把裁好成卷的墙布自上而下按对花要求缓缓放下，墙布上面应留出50mm左右，然后用湿毛巾将墙布抹平贴实，再用活动裁纸刀割去上下多余的布料。阴阳角、线角以及偏斜过多的部位，可以裁开拼接，也可搭接，对花要求可以适当放宽，但切忌将墙布横拉斜扯，以免造成整块墙布的歪斜变形甚至脱落。

招式 23　如何利用板材装饰墙面

为了追求装修效果，墙面装修有时也可以使用板材进行装饰。

板材装修指采用天然木板或各种人造薄板，借助于镶、钉、胶等固定方式对墙面进行装饰处理。板材类墙面由骨架和面板组成，骨架有木骨架和金属骨架，面板有硬木板、胶合板、纤维板、石膏板、金属面板等。下面具体介绍一下不同板材装修的要点。

第一，木质板墙面。木质板墙面就是用细木工板、刨花板、胶合板、纤维板、实木板以及各种装饰面板对墙面所做的装修。其具有美观大方、装饰效果好，安装方便等优点，但防火、防潮性能欠佳。利用木质板装修墙面时，应该先立墙筋，然后外钉面板。下面详细说一下各种木质板材的特性，方便装修时根据不同需求进行选择。1. 细木工板，也叫大芯板，是装修中最主要的材料之一。其中间是以天然木条黏合而成的芯，两面再黏上很薄的木皮。大芯板价格便宜。2. 纤维板，也叫密度板，是将原木脱脂去皮，粉碎加工成木屑，也就是以木质纤维或其他植物纤维为原料，经过高温、高压、施加适量的胶黏剂制成的人造板材。其按密度的不同，可分为高密度板、中密度板和低密度板，市场上多见的是中密度板。3. 胶合板也叫夹板，细芯板。由3层或多层单板或薄板胶黏热压制成，是目前家庭装修常用的材料之一。装饰墙面时，上面需要覆盖油漆。家庭装修一般选择中低档的胶合板即可。4. 刨花板是由木材经切碎、筛选、拌胶和添加防水剂等，再铺装成型，经热压而成的一种人造板材。因其剖面类似蜂窝状而得名为刨光板。刨光板的造价比中密度板要低，而且板材中甲醛的含量比较少，因此是最环保的人造板材之一。但是它也有缺点，抗弯性和抗拉性能比较差。5. 实木板就是采用完整的木材制成的木板材。这种板材坚固耐用，纹路自然，是装修中的最佳选择。但由于实木板的造价比较高，而且施工工艺要求也比较高，在普通家装中比较少见。6. 装饰面板也叫面板，就是将实木板精密刨切成厚度为0.2毫米左右的微薄木皮，以夹板为基材，经过胶黏工艺制作而成的具有单面装饰作用的装饰材料。装饰面板的门类繁多，色彩和花纹各异，价格也多样，可以根据个人喜好和经济能力进行选购。

第二，金属薄板墙面。金属薄板墙面是指利用薄钢板、不锈钢板、铝板或铝合金板作为墙面装修材料。金属薄板墙面以其精密、轻盈,体现着新时代的审美情趣和风格。利用金属薄板装修墙面时,也是先立墙筋,然后外钉面板。墙筋用膨胀铆钉固定在墙上,间距一般为60~90mm。金属板要用自攻螺丝或膨胀铆钉固定,也可先用电钻打孔后再用木螺丝固定。

第三,石膏板墙面。石膏板墙面就是用石膏板来装饰墙面,这种方法既简单又富于变化,在家庭装修中很常见。装修时首先要在墙体上涂刷防潮涂料,然后在墙体上铺设龙骨,将石膏板钉在龙骨上,最后再进行板面的修饰。

招式24　利用抛晶砖给墙壁增添艺术感

现代家居中,为了改变以往简单单调的墙面,体现居家生活的品位,可以选择利用抛晶砖给墙壁增色。

抛晶砖又称抛釉砖、釉面抛光砖,具有彩釉砖装饰性强、吸水率低的特点,同时克服了彩釉砖不耐磨、抗化学腐蚀性能差的弊端。既经久耐用又容易打理,是墙面、地面两用装饰材料,可以用于电视背景墙、沙发背景墙、进门的玄关处、走廊的尽头等部位的装饰。

抛晶砖往往工艺精美,具有饱满的色泽和丰富的图案,在图案设计上,实现了木纹、石纹、皮革、金属、纺织、文物等仿真效果,因此具有很强的装饰功能。家庭装修中利用它装饰墙面能起到非常不错的装饰效果。

铺设抛晶砖的方法有两种,一种是湿铺法;另一种是干铺法。湿铺就是将水泥和沙子等完全混合搅拌成泥浆摊铺在墙上,然后再贴上抛晶砖。干铺就是用水泥、沙子等不完全用水混合搅拌,只加少许水,然后将其摊铺在墙上,进而再贴上抛晶砖。用水较多的卫生间可以采取湿铺,客厅等可以采用干铺方式,具体方式要根据情况作出正确的选择。

招式25　让瓷砖为墙面增色

瓷砖是比较常用的装饰材料之一,它以丰富的色彩和组合形式表现出了与天然石材迥然不同的美。贴瓷砖,原来是一种保护墙体的做法,但如今却更注重它的装饰作用。特别是在需要强化色彩与个性的空间里,例如浴室、厨房都可以独具匠心地运用瓷砖来达到强调视觉效果和展现个性的目的。

瓷砖艺术风格主要由腰线和花砖来体现,腰线可以使室内风格统一,让设计环环相连,因此,腰线在空间上如何安排和搭配,非常关键。

一般的装饰,腰线都按照一定的顺序横排拼贴在距离地面一米左右的墙面上。这样的拼贴虽使空间少了些灵动,倒也给人四平八稳、非常祥和的心理感受。但其最大的局限就是容易使原本低矮的空间,受到腰线横向排列的视觉影响,而在感觉上显得更加低矮,造成一种憋闷感。因此,为了改变这种感觉,腰线由横变竖的拼贴方式便孕育而生了。竖贴的方式也是现在较为流行的一种瓷砖粘贴方式。相对横排拼贴的腰线而言,竖排拼贴的腰线在线条上更加流畅,而且比横排腰线更节省材料,这样竖立粘贴在视觉上能使整个空间显得高挑,特别适合空间较低的厨房和卫生间。

无论是传统的拼贴方式还是现代的拼贴方式,它们都各有优点。在面积较大的空间里,可以因地制宜地将传统的横排拼贴与新式的竖排拼贴相结合,扬长避短,最大限度地发挥腰线的装饰性和在分区上的辅助功能。例如,在大面积的素色墙面上,竖排拼贴两列色彩腰线,不但破除了整个空间的沉闷感,使墙面充满生机,而且还能有效地拉伸室内空间,更突出了素色给整个空间带来的宽敞与洁净。而在窗台与墙体的衔接处,就最好采用横排方式来拼贴腰线,给人以非常平稳的感受,以此来淡化墙面上竖排腰线突出的跳跃感,减少整个空间的不安定因素,使室内氛围既活泼又祥和。

假如你想让室内的某个局部突出瓷砖的作用,以增强其装饰性,可以采用两条腰线进行并列拼接,再另外用一条独立的腰线相配的组合方式。此外,要想让室内各大区域更加的清晰和明朗,还可有意识地用竖排或横排的腰线来加以区别。这样横竖不同、大起大落的排列,对比突出、走线干净,不仅能使你一目了然,还能让房间增添不少现代抽象几何画的风味。

此外,花砖在墙面的整体铺设中,也起着非常好的修饰作用。运用各式各样的花砖和腰线相搭配的方式,不仅可以将空间的功能区域明显地划分出来,还能改变室内的气氛,演绎出不同的性格特征与时尚潮流。比如说,将长条形的花砖三三两两地组合并排在一起,分一行行或多行拼贴在墙壁上,不但打破了长期以来花砖千篇一律的单一方式,还显示出了难得的简约和大气,更加衬托出一种新几何主义的时尚风格。而同一款花砖,也会因为在不同的空间,不同的组合方式,呈现出不同的拼贴效果,营造出不一样的生活空间。总之,要根据业主的具体喜好进行拼贴,达到最理想的装饰效果。

招式 26　瓷砖应该这样贴

在墙面上贴瓷砖,是家庭装修的必经环节。墙面瓷砖的粘贴质量,直接影响到装修效果,必须严格按规范程序施工,才能保证质量。

一般来说,墙面瓷砖的粘贴程序为:基层清扫处理→抹底子灰→选砖→浸泡→排砖→弹线→粘贴标准点→粘贴瓷砖→勾缝→擦缝→清理。

下面具体对这些施工程序作一个较为详细的介绍。

第一,基层处理时,应该全部清理墙面上的各类污物,并提前一天浇水湿润。如基层为新建墙体时,待水泥砂浆达到七成干时,就应该进行排砖、弹线和粘贴面砖。

第二,正式粘贴前必须粘贴标准点,用以控制粘贴表面的平整度,操作时应随时用靠尺来检查平整度,如果发现不平、不直,就要取下来重新粘贴。

第三,瓷砖粘贴前必须在清水中浸泡两个小时以上,以砖块不再冒泡为准,然后取出晾干待用。粘贴时要自下向上进行粘贴,要求灰浆饱满,亏灰时,必须取下重新粘贴,不可以从砖缝、口处往里面塞灰补垫。

第四,如果铺粘瓷砖时遇到管线、灯具开关、卫生间设备的支承件等,必须用整砖套割吻合,禁止用非整砖拼凑粘贴。整间或独立部位粘贴宜一次完成,一次不能完成时,应该将接茬口留在施工缝或阴角处。

第五,最后检查瓷砖是否贴好。墙面瓷砖粘贴必须牢固,无歪斜、缺棱掉角和裂缝等缺陷。墙砖铺粘表面要平整、洁净,色泽协调,图案安排合理,无变色、泛碱、污痕和显著光泽受损处。砖块接缝填嵌密实、平直、宽窄均匀、颜色一致,阴阳角处搭接方向正确。非整砖的使用部位要适当,排列要平直。预留孔洞尺寸要正确,边缘要整齐。

招式 27　怎样做好电视背景墙

电视背景墙,是现代居室装饰中常用装饰,特别是大户型的居室,更加有必要做电视背景墙。因为电视背景墙能够弥补客厅中电视机摆放位置的空旷和单调,同时起到修饰客厅的作用。那么,应该如何将电视背景墙装饰得漂亮,惹人眼球又经久耐用呢?这是一件非常费心的事。一般来说,电视背景墙可用的装饰材料很多,有木质的、天然石的,也可以用人造文化砖和布料进行装饰。

一、如果业主倾向于现代、时尚、简约的装修风格,可选择玻璃与金属材料做电视背景墙,这样能给居室带来很强的现代感。选用烤漆玻璃做背景墙,对于光线不太好的房间有增强采光的作用,用玻璃做成各种好看的造型,看上去极具现代感和时尚感。另外可以适当地镶嵌一些金属线,效果也不错。

二、如果业主看来挑去还是找不到满意的电视背景墙材料,还有一种非常灵活的方案,那就是在电视墙区域设置一些空间,可用来摆放一些自己喜爱的装饰品,这样一来,可选择的余地就非常大了,而且随时可以替换,简单却不失品位,但是特别要注意在灯光的布置上要处理得当,用来突出局部照明的灯光不能太亮,否则,可能会影响电视收看效果。

三、墙纸和壁布也可以用来做电视背景墙,不仅环保,还能起到很好的吸音和点缀效果,而且施工简单。

四、用变幻万千的油漆,艺术化地喷涂出电视背景墙,也是个不错的选择。这样的墙面能给人以强烈的视觉冲击,一举打破客厅墙面的单调,但要特别注意的是,在色彩的搭配上一定要注意与客厅其他局部协调,不能太突兀,与客厅的整体风格格格不入。

五、用朴实自然的天然人造石做电视背景墙,能够给家增添一种轻松自然的感觉,达到非常理想的效果。

六、木质饰面板花色和品种繁多,价格经济实惠,选用饰面板做背景墙,不易与居室内其他木质材料发生冲突,可更好地搭配形成统一的装修风格,清洁起来也非常方便。

招式28　让画来修饰墙面

现代家居装饰中,总少不了画的点缀作用。单调的居室环境往往会因为一幅或几幅生动活泼、别有风情的画,而使档次和品位骤然提升,显得特别有气氛。因此,用画来装饰墙面是一个非常不错的装修妙招。

那么,应该如何选择合适的画来点缀墙面呢?这里面有很多学问。如果墙面刷的是墙漆,要视墙漆的具体颜色而定。色调淡雅的墙面宜选择油画,而深色或者色调明亮的墙面可选用相片来替代。如果墙面贴的是壁纸或墙布,则中式壁纸选择国画,欧式风格壁纸选择油画,简约风格选择无框油画。如果墙面大面积采用了特殊的板材,则根据板材的特性来选画,木质材料宜选择用花梨木、樱桃木等带有木制画框的油画,金属等材料就要选择有银色金属画框的抽象或者印象派油画。这些方法和技巧是比较常用的,它能够引导我们为墙壁配上风格一致,合适的画,否则选起画来就会没有一个要求和原则,很容易造成墙面和画的风格大相径庭,给人以不伦不类的感觉。

另外,在买画之前,一定要测量好墙面的长度和宽度、挂放装饰画的数量,计算好所需装饰画的规格。还要注意装饰画的整体形状和墙面搭配,一般来说,狭长的墙面适合挂放狭长、多幅组合或者小幅的画,方形的墙面适合挂放横幅、方形或是小幅画。光线不好的房间尽量不要选择黑白颜色或者国画,因为那样会让空间显得更加阴暗。相反,如果房间光线太过明亮,就不宜再选择暖色调和色彩明亮的装饰画,那样会让视觉没有重点或造成眼花缭乱的感觉。

最后,需要注意的是,在墙面上搭配挂画,还要根据不同的地方进行选择。比如说客厅,客厅是居室主人平常活动、待人接物的主要场所,类似装饰画类的配饰往往会成为视觉重点,可以选择以风景、人物、聚会活动等为题材的装饰画,或让人联想丰富的抽象画、印象画。如果是别墅等高档住宅,也可根据整体装修风格选择一些肖像画或者特殊装饰画,彰显主人的身份和地位。书房里也要选择合适的挂画。如果书房是纯中式,就应该选择字画、山水画作为装饰,可以凸显整体装修风格。如果是欧式、地中海、现代简约等装修风格的书房,则可以选择一些风景画作为装饰。卧室是休息的场所,讲求温馨浪漫和优雅舒适。可以选择挂放一些风景、花卉等题材的暖色系装饰画,营造一种温馨的家庭感觉。餐厅内可以配挂明快欢乐的装饰画,能愉悦心情,增加进食欲望。水果、花卉和餐具等与吃有关的装饰画是不错的选择。

温馨提示

壁纸用量轻松计算

如果选用壁纸作为墙面的主要装饰材料,就要学会计算壁纸的用量,为购买打好基础,避免不必要的浪费或增添因为壁纸不够用而再补料带来的麻烦和不便。

第一,地面面积×3(3个面墙)÷壁纸每卷平方米数+1(备用)=所需壁纸的卷数。

第二,所需壁纸的总幅数÷单卷壁纸所能裁切的幅数=所需壁纸的卷数。

第三,单卷壁纸所能裁切的幅数=壁纸长度÷房间高度。

第四,所需壁纸的总幅数=要粘贴壁纸墙面的长度÷壁纸宽度

第四章
15招教你学会地面装饰

shiwuzhaojiaonixuehuidimianzhuangshi

招式29：如何进行水泥砂浆抹灰
招式30：石材地面的铺装要点
招式31：瓷砖地面铺装要点
招式32：木地板施工技术要点
招式33：安装木地板的基本工艺流程
招式34：铺装复合木地板，地面找平不能忘
招式35：木地板施工常见问题巧解决
招式36：塑胶地板的铺设
……

地面装修在家庭装修中占有重要的地位。这与它的面积和作用有关。无论是厅室书房，还是厨卫阳台，都要对地面进行处理和装饰，体现装修的整体风格。而且地面也是居家生活中最易受到磨损的部位，它的装修质量和效果如何，对整个住宅的装修品质影响很大，所以在装修过程中绝对不能马虎对待。现今装修地面的材质发展很快，种类繁多，有很大的选择性。常用的地面装修材料包括：各种类型的块材、水磨石、大理石、花岗石、木地板、塑胶地板、地毯以及各种涂料面层等。要想将地面装修做好，装修人员就要充分掌握这些不同材质地板的铺设方法，了解铺设时的禁忌和要点，熟悉各类材质铺设的工艺流程，满足消费者的不同需要。

行家出招

招式29 如何进行水泥砂浆抹灰

第一，水泥砂浆抹灰的基本工艺。找好规矩→对墙体的四角进行规方→进行横线找平和竖线吊直→制作标准灰饼，进行充筋→阴阳角找方→对内墙进行抹灰→底层低于充筋→中层垫平充筋→进行面层装修。

第二，水泥砂浆抹灰施工要点。1.抹灰前必须制作好标准灰饼。2.冲筋是保证抹灰质量的重要环节，是大面积抹灰时重要的控制标志。3.阴阳角找方是直接关系到后续装修工程质量的重要工序，因此要格外重视。

招式30 石材地面的铺装要点

装修用的石材分为天然石材和人造石材两大类。常用的天然石有花岗岩、大理石、板石、砂石等。石材常常用来铺装地面、窗台、门槛、厨柜台面、电视机台面等。下面具体介绍一下各种石材的特性和用石材铺装地面的工艺流程。

一、常见石材特性介绍：

花岗岩：花岗岩是一种岩浆在地表以下凝却形成的火成岩，主要成分是长石和石英。花岗岩有美丽的花纹，不易风化，颜色美观，外观色泽可保持百年以上,其硬度高、耐磨损,是一种高级建筑装饰材料,素有"岩石之王"之称。

大理石:经长期天然时效,组织结构均匀,线胀系数极小,内应力完全消失,不变形;刚性好,硬度高,耐磨性强,温度变形小;不怕酸、碱液物侵蚀,不会生锈,防磁、绝缘,不必涂油,不易粘微尘,维护、保养方便简单,使用寿命长;不会出现划痕,不受恒温条件阻止,在常温下也能保持其原有物理性能;色彩斑斓,色调多样,花纹无一相同,独具魅力。主要用于加工成各种形材、板材,作建筑物的墙面、地面、台、柱等,具有很好的装饰效果。

板石:板石最大的特点和优势是它具有板理。沿着板理容易劈开,且劈开后表面十分光滑平整,可直接应用于装饰物的表面,免去了如花岗岩、大理石荒料切割和磨平、抛光的加工程序。板石的板理特征,决定了它易开采、易加工的特点,从而大大降低了它的加工成本。而且,板石具有色彩自然、古朴典雅,质地均匀等特点,无需添加任何色彩,就能为人们的居家生活添加一道趣味无穷的风景线。

砂石:砂石颗粒均匀,质地细腻,结构疏松,具有隔音、吸潮、抗破损,耐风化,耐褪色,水中不溶化、无放射性等特点。用砂岩做装饰材料,可以显示出素雅、温馨而又不失华贵大气的装饰风格。

二、石材铺装流程:

基层地面的清扫和整理→水泥砂浆找平→确定标高、进行弹线→选择材料→板材浸水湿润→安装标准块→摊铺水泥砂浆→铺贴石材→灌缝→清洁→养护交工。

三、施工要点:

1. 首先要将地面基层处理干净,用专用工具凿平和修补地面上高低不平的地方,地面上不能有砂浆、尤其是白灰砂浆灰、油渍等,并用水湿润地面。

2. 铺贴前要将石材进行试拼,对花、对色和编号,以便铺设出的地面花色一致。铺装石材时必须安放标准块,标准块应安放在十字线交点,对角安装。

3. 铺装操作时要每行依次挂线,石材必须浸水湿润,阴干后擦净背面,以免影响其凝结硬化,发生空鼓、起壳等问题。

4. 石材地面铺装后的养护十分重要,安装 24 小时后必须洒水养护,然后再覆盖锯末进行养护,2~3 天内不得上人踩踏。

招式 31　瓷砖地面铺装要点

瓷砖是家庭装修常用的装修材料。其特点是坚硬、耐磨、耐压、耐碱、不易脱色变形、容易清洗等。瓷砖的品种和花色多种多样，可根据个人喜好拼出各式图案。这是当前工薪阶层家庭在装饰住宅时普遍选择的材料。

用于铺贴地面的瓷砖包括彩色釉面砖和陶瓷锦砖两类。二者的铺装流程不尽相同。铺贴彩色釉面砖类的流程是：处理基层→弹线→瓷砖浸水湿润→摊铺水泥砂浆→安装标准块→铺贴地面砖→勾缝→清洁→养护；铺贴陶瓷锦砖的流程是：处理基层→弹线、标筋→摊铺水泥砂浆→铺贴→拍实→洒水、揭纸→拨缝→灌缝→清洁→养护。

铺贴瓷砖的施工要点：

1. 如果是混凝土地面，应该将基层凿毛，凿毛深度为5～10毫米，凿毛痕的间距为30毫米左右。然后，清净浮灰、砂浆、油渍，保持基层清洁。

2. 铺贴前应该弹好线，在地面弹出与门道口成直角的基准线，弹线应从门口开始，以保证进口处为整砖，非整砖置于阴角或家具下面，弹线应弹出纵横定位控制线。

3. 铺贴瓷砖前，应先将瓷砖浸泡阴干，以免影响其凝结硬化，发生空鼓、起壳等问题。

4. 铺贴时，水泥砂浆应饱满地抹在陶瓷地面砖背面，铺贴后用橡皮槌敲实。同时，用水平尺子检查校正，擦净表面水泥砂浆。

5. 铺贴完两三个小时后，用白水泥擦缝，用水泥、沙子＝1∶1（体积比）的水泥砂浆，缝要填充密实，平整光滑，再用棉丝将表面擦净。

6. 瓷砖铺贴完成后，在水泥砂浆未固化前不得踩踏和行走，并在板面上铺上硬纸或地毯等物，保护板材表面的光洁度。陶瓷锦砖应养护4～5天才可上人。

招式 32　木地板施工技术要点

木地板是最能够铺设出地面满意效果的材质。木地板具有保温性能好、富有弹性、纹理美观等特点，深受广大消费者喜爱。

木地板分为实木地板、强化复合木地板、实木复合地板、竹木地板等。这些地板各有特色，要根据不同的需求进行铺设。作为装修人员，要对各种木地板的特性了如指掌，才能根据特性实施不同的铺设工艺。实木地板是木材经过烘干加工后形成的地面装饰材料，具有花纹自然、脚感舒适、使用安全等特点，适合卧室、客厅和书房等地面的铺设。它能给居室带来返璞归真的装饰效果，在大力提倡环保的今天，实木地板显得尤为珍贵。强化复合木地板是近年来才流行的地面材料，它是在原木粉碎后填加胶、防腐剂、添加剂，经热压机高温高压压制成的一种地面铺设材料。强化复合木地板的耐磨性高，防腐、防蛀效果好，克服了原木表面的疤节、虫眼、色差等。而且强化复合木地板无需打蜡，打理起来也比较方便，因此是最适合现代家庭的生活节奏的木地板。实木复合地板克服了实木地板单向同性的缺点，具有较好的尺寸性，并保留了实木地板的舒适脚感和自然木纹，也是居家装修的好选择。竹木地板是竹子经过处理后制成的地板，具有天然材质的美感，又耐磨耐用，冬暖夏凉，非常方便。

木地板施工是专业性很强的施工项目。若要让铺好的木地板面层刨光磨平，无明显刨痕、毛刺，图案保持清晰，地板铺装方向正确，拼缝处缝隙严密，接头位置错开，表面洁净、平整、无翘鼓，行走时无空鼓响声，除了了解和熟悉各种木地板的性能，严格按规范程序操作外，还要注意以下具体技术要领。

第一，所有木地板运到施工安装现场后，应拆包存放在室内一个星期以上，使木地板与居室温度和湿度相适应。

第二，木地板安装前应进行挑选，剔除有明显质量缺陷的不合格品。将颜色花纹一致的铺在同一房间，有轻微质量缺欠但不影响使用的，可摆放在床、柜等家具底部使用，同一房间的板厚必须一致。购买木地板时应该按照实际铺装面积增加10%的损耗进行一次性购买。

第三，铺装木地板的龙骨应该使用松木、杉木等不易变形的树种，木龙骨、地脚板背面均应进行防腐处理，地板下面一定要记得放置防虫、驱虫粉剂。

第四，铺装实木地板应该避免在大雨、阴雨等气候条件下施工。施工中最好能够保持室内温度、湿度的稳定。

第五，同一房间的木地板应一次铺装完，因此要备有充足的辅料，并要及时做好成品保护，严防油渍、果汁等污染表面。安装时挤出的胶液要及时擦掉。

招式33 安装木地板的基本工艺流程

实铺式木地板：在地面基层，安放梯形截面木格栅，木格栅的间距一般为0.4米，中间可填一些轻质材料，以减低人行走时的空鼓声，并改善保温隔热效果。为增强整体性，木格栅之上铺钉毛地板，最后在毛地板上打接或粘接木地板。在木地板—墙的交接处，要用地脚板压盖。为散发潮气，可在地脚板上开孔通风。具体操作程序为：基层清理→弹线、找平→钻孔、安装预埋件→安装毛地板、找平、刨平→钉木地板、找平、刨平→钉地脚板→刨光、打磨→油漆。

木地板空铺法的操作程序为：基层清理→弹线→钻孔安装预埋件→地面防潮、防水处理→安装木龙骨→垫保温层→弹线、钉装毛地板→找平、刨平→钉木地板、找平、刨平→装踢脚板→刨光、打磨→油漆。

强化复合木地板：清理基层→铺设塑料薄膜地垫→粘贴复合地板→安装地脚板。

粘贴式木地板：先进行地面基层清理，使水泥砂浆地面不空裂、不起砂。基层如果不平整应该用15毫米厚1∶3水泥砂浆找平后再铺贴木地板。基层含水率不大于15%。粘贴木地板涂胶时，要薄且均匀。相邻两块木地板的高差不能超过1毫米。具体操作程序为：基层清理→涂刷底胶→弹线、找平→钻孔、安装预埋件→安装毛地板、找平、刨平→钉木地板、找平、刨平→钉地脚板→刨光、打磨→油漆→上蜡。

招式34 铺装复合木地板，地面找平不能忘

复合木地板以高密度纤维板为基材，表面贴装饰浸渍纸和耐磨浸渍纸，背面贴平衡纸，经热压、开榫槽等工序制成，价格相对实木地板来说，要低廉得多。而且打理起来相比实木地板要容易得多，平时只需用吸尘器或扫帚清扫表面灰尘，再用浸湿后拧干至不滴水的抹布或拖把擦拭地板表面即可，受到很多消费者喜爱。

如果想给地面铺复合木地板，有一道工序绝对不能少，那就是地面找平。这是因为铺强化复合木地板不需要，也不能打龙骨。因此，要特别注意地面

找平这项工序。

常见的方法有机器研磨加石膏找平、水泥砂浆找平和自流平找平。

机器研磨加石膏找平：不增高地面，施工后2小时，就可以在上面走动，施工3天就可以铺木地板，施工快捷，价位又实惠，比水泥找平和自流平找平要优惠得多。

水泥砂浆找平：增高地面最低2公分，施工后要3天才可以在上面踩，施工完工以后要等最低15天以后才能铺木地板，价位适中。

自流平找平：要去房间的最高点进行找平，施工以后24小时不能进人，施工后和水泥差不多也要15天以后铺木地板，价位最高。

招式35 木地板施工常见问题巧解决

木地板施工是专业性很强的施工项目，稍有不慎就会产生问题，常见的问题主要有行走时有空鼓响声、拼缝不严、表面不平、局部翘鼓等。

第一，行走时发出空鼓响声。造成这一问题出现的原因是安装时没有将木板固定坚实，毛板与龙骨、毛板与地板之间由于钉子数量少或钉得不牢。有时也因板材含水率变化引起收缩或胶液不合格所致。解决方法是：严格检验板材含水率、胶黏剂等，检验合格后才能使用；安装时钉子不能过少，并应确保钉牢，每安装完一块木板，就用脚踩一下，检验无响声后再装下一块，如有响声应即刻返工。

第二，拼缝不严。除施工中安装不规范外，板材的宽度尺寸误差大及企口加工质量差也是重要原因。在施工中除认真检验地板质量外，安装时企口应平铺，先在板前钉钉子，然后用模块将地板缝隙模得相一致后再钉钉子。

第三，表面不平。主要由基层不平或地板条变形起拱所致。在安装施工时，应用水平尺对龙骨表面找平，如果不平应垫垫木调整。龙骨上应做通风小槽。板边距墙面应留出10毫米的通风缝隙。保温隔音层材料必须干燥，防止木地板受潮后起拱。木地板表面平整度误差应在1毫米以内。

第四，局部翘鼓。主要是木板受潮变形，施工时深弹得不准，找平时线杆不直，木地板安装不牢固所致。在安装木地板时应该预留3毫米缝隙，将木龙骨刻通风槽。地板铺装后，涂刷漆膜完整的地板漆，日常使用时要防止水流入地板下面，要及时清理木地板表面的积水，严防水渗入木地板内部。

招式36 塑胶地板的铺设

塑胶地板是一种新型轻体地面装饰材料,也称为"轻体地材"。其质地较软,防水、防潮、防滑,吸音防噪,剪裁拼接容易,保暖性能好,保养方便,适合在家庭铺装。铺设塑胶地板时需要注意以下几点。

第一,先对地面基层进行清洁处理。地面基层应该达到表面不起砂、不起皮、不起灰、不空鼓,无油渍,手摸上去无粗糙感的标准。不符合要求的,应该处理地面。可以采用大功率的地坪打磨机配上适当的磨片对地面进行整体打磨,除去油漆、胶水等残留物,并用工业吸尘器对地面进行吸尘清洁。对于地面上的裂缝,可采用不锈钢加强筋以及聚氨酯防水型黏合剂表面铺石英砂进行修补。

第二,铺设前进行打底。吸收性的基层如混凝土、水泥砂浆找平层应先使用多用途界面处理剂按1:1比例兑水稀释后进行封闭打底;非吸收性的基层如瓷砖、水磨石、大理石等,建议使用密实型界面处理剂进行打底;如果碰到基层含水率过高,但又不得不马上施工的情况,可以使用环氧界面处理剂进行打底处理,但前提是基层含水率不应大于8%。

第三,将搅拌好的自流平水泥浆料倾倒在施工的地坪上,它将自行流动并找平地面,随后穿上专用的钉鞋,进入施工地面,用专用的自流平放气滚筒在自流平表面上轻轻地滚动,将搅拌中混入的空气放出来,避免气泡、麻面产生。施工完毕后立即封闭现场,5小时内禁止人在上面行走,10小时内避免重物撞击,24小时后方可进行塑胶地板的铺设。

第四,对地板进行预铺和剪裁。无论是卷材还是块材,都应于现场放置24小时以上,使材料记忆性还原,温度与施工现场一致。要使用专用的修边器对卷材的毛边进行切割清理。卷材铺设时,两块材料的搭接处应采用重叠切割,一般是要求重叠3厘米。注意保持一刀割断。块材铺设时,两块材料之间应该紧贴而没有接缝。

第五,选择适合塑胶地板的相应胶水和专用的刮胶板进行铺贴。卷材铺贴时,将卷材的一端卷折起来。先清扫地坪和卷材背面,然后刮胶于地坪之上。块材铺贴时,将块材从中间向两边翻起,同样将地面及地板背面清洁后上胶粘贴。

第六,粘贴上地板后,要用软木条推压地板的表面,对其进行平整,别忘了挤出里面的空气。随后用50公斤或75公斤的钢压辊均匀滚压地板并及时修整拼接处翘边的情况,然后将多余的胶水用棉丝清理干净。24小时后,再进行开槽和焊缝。

第七,开槽必须在胶水完全固化后进行。为使焊接牢固,开缝不应透底,建议开槽深度为地板厚度的2/3。要使用专用的开槽器沿接缝处进行开槽,在开缝器无法开刀的末端部位,要使用手动开缝器以同样的深度和宽度开缝。焊缝之前,须清除槽内残留的灰尘和碎料。

第八,可选用手工焊枪或自动焊接设备进行焊缝。焊枪的温度应该设置为350度左右。以适当的焊接速度,匀速地将焊条挤压入开好的槽中。在焊条半冷却时,用焊条修平器或月型割刀将焊条高于地板平面的部分大体割去。当焊条完全冷却后,再使用焊条修平器或月型割刀把焊条余下的凸起部分割去。

招式37 应该这样铺地毯

现代家居生活中,地毯扮演着越来越重要的角色,起着越来越重要的作用。它以温馨、柔软、随意、自然等特点为人们装饰点缀出惬意的幸福家居生活。大到客厅、卧室,小到浴室、衣帽间,都可铺设温暖而舒适的地毯,营造出独特的温馨空间。

地毯主要有块状地毯和卷材地毯两种形式,要采用不同的铺设方式和铺设位置。

第一,活动式铺设:是指将需要铺设的地毯直接铺在地面基层上,不需要将地毯与基层进行固定。

第二,固定式铺设:一种是卡条式固定,使用倒刺板拉住地毯。工艺流程如下:基层清扫处理→地毯裁割→钉倒刺板→铺垫层→接缝→张平→固定地毯→收边→修理地毯面→清扫。另外一种是黏接法固定,使用胶粘剂把地毯粘贴在地板上。工艺流程如下:基层地面处理→实量放线→裁割地毯→刮胶晾置→铺设按压→清理、保护。

铺装地毯需要掌握以下要点:

第一,地毯铺装对基层地面的要求较高,地面必须平整、洁净,无任何污物,含水率不得大于8%,并已安装好地脚板,地脚板下沿至地面间隙应比地毯厚度大2~3毫米。

第二，在铺装前必须进行实际测量，测量墙角是否规方，准确记录各角角度。根据计算的下料尺寸在地毯背面弹线、裁割，以免造成材料的浪费。裁割地毯时应该沿地毯经纱裁割，只割断纬纱，不割经纱，对于有背衬的地毯，应从正面分开绒毛，找出经纱、纬纱后裁割。

第三，倒刺板固定式铺设，要沿着墙边固钉倒刺板，倒刺板距地脚板要有一定的距离，以8毫米为宜。

第四，接缝处应该用胶带在地毯背面将两块地毯粘贴在一起，要先将接缝处不齐的绒毛修齐，并反复揉搓接缝处的绒毛，至表面看不出接缝痕迹为止。

第五，粘结铺设时，刮胶后要晾置5~10分钟，待胶液变得干黏时再进行铺设。

第六，铺设完地毯后，要用撑子针将地毯拉紧、张平、固定，挂在倒刺板上，防止以后发生变形。用胶粘贴的，地毯铺平后用毡辊压出气泡。

第七，将多余的地毯边裁去，清理挂起的纤维。

第八，用胶粘贴的地毯，24小时内不许进行随意踩踏。

招式38 用竹木地板打造环保地面

现代社会，人们越来越崇尚绿色、自然和简约的装修，竹木地板以其优良的内在品质和令人赏心悦目的外观，受到了越来越多居家人士的喜爱。竹木地板结构细致、色调淡雅清香，污染性小，很适合在家里铺装。

竹材地板是一种免漆无尘地板，铺装起来非常方便和简单。铺装前不需要经过打磨和上漆等烦琐步骤。地板一安装好，就可以立即投入使用。但是，由于竹木地板加工细致、精密，在安装精确度方面的要求要稍微高一些，而且安装好后，对使用环境也有比较严格的要求，要注意平时的悉心保养。因此，合理的铺装和正确的保养可以最大限度地发挥竹木地板的优点和长处，延长其使用寿命，起到美化家居生活环境的作用。

下面介绍一下竹木地板的铺装方法和具体步骤。

第一，必不可少的防潮处理。在铺设竹木地板前，先要将需要铺设地板的地面铺盖一层防潮材料，如油毛毡、塑料薄膜等。防潮材料要力求完整，如有破损或接头,要进行重复遮盖,确保铺设到位。铺设防潮层的目的是阻止地面凝结的水汽或通过毛细管渗透的水汽直接接触地板背面,而是让这些水汽通过四周墙脚留有的边缝,散发到空气中,保持地板下面的干燥和清爽。

第二,选好材料,铺设龙骨。在铺设竹木地板之前,必须使用龙骨支撑和固定。首先要选好做龙骨的材料,一般来说,普通的木材均可以用来做龙骨,如松木、杉木及一些阔叶树等,但以不易霉烂、握钉力较强的木材为佳。龙骨的规格为30mm×30mm左右,长度可以是任意长度,具体根据室内的尺寸锯断或接长。用作龙骨的木材必须通过自然干燥或人工烘干,并用专业机器刨削成厚度一样的板材。接着是装钉龙骨。龙骨应该按照室内的宽度方向平行铺设,距离是300cm左右,视地板的长度而定。但要注意考虑必须将地板的两头搭在龙骨上,以免悬空,造成空鼓。龙骨定位后,可以用水平尺进行调平,调平时同样以木块垫高,再用5cm左右的水泥钉将龙骨牢牢地钉在水泥地面上。有的人为了将龙骨做得结实坚固一点,会在龙骨上再钉一层胶合板或中密度板等,这样的确能起到更好的保护和支撑竹木地板的作用,但是假如房屋的层高和经济条件不允许,可以不用钉,不会影响到竹木地板的正常使用。

第三,铺装竹木地板。铺装竹木地板时,一般采用错位铺装法,即将两端榫槽的结合缝隙与相邻的互相错开,而与相隔的结合缝处于同一条直线上。这有点类似于砌砖墙时采用的方法。这种拼装法的优点是能够使结合缝均匀分布在平面上,增加平面的立体层次感。当竹木地板的宽度与长度和室内的尺寸不成倍数时,可以将竹木地板锯断、锯开,但记得要在锯口上涂抹一层清漆,使地板保持对水分的封闭性。在铺装竹木地板时,要将其与龙骨固定牢固,不得有松动和空鼓。具体方法是,用2.5cm左右长度的铁钉在竹木地板长度方向公榫的根部,以45°的斜角钉入并穿透地板,深入到龙骨深部,使地板与地面紧密地结合成一个整体。由于竹木地板没有横向纤维,比较容易纵裂,因此,在使用铁钉钉入地板前,需要用适合的钻头钻出一个符合要求的钉眼,以防钉子将地板钉开裂。此外,还有一个问题不能忽视,就是要让竹木地板离开房间四周墙壁1cm~2cm,以免墙体中的水分进入到地板中,使地板变得潮湿,影响寿命。至于留下的缝隙,可以用地脚线遮盖,一点儿也不会影响美观。

招式39　如何刷地面涂料

地面涂料是一种家庭地面装修材料,适合于阳台、厨房、卫生间等地面的装修。其具有耐油、耐水、耐压、抗老化等性能,并能耐一般酸、碱的腐蚀,具有较好的耐磨性,且施工简便,造价低,是比较受消费者欢迎的一种涂料。

地面涂料按其主要成分可分为聚氨酯类、苯乙烯类、丙烯酸酯类、聚醋酯乙烯类、环氧树脂类等品种。按其适用范围可分为用于水泥基层、钢铁基层、木质基层等。

地面涂料的基本使用方法为刷涂。在涂刷之前,要确保地面基层的平整、洁净和干燥,如果地面凹凸不平,应该用水泥砂浆找平,涂刷前要清理地面,清除所有污物和杂物,并涂上适当的底漆。涂刷面漆时,两遍即可成活,然后再用白胶和水混合液罩面一次,上蜡即成。

招式40　地面涂料怎么刷才不起皮

相比铺木地板、铺瓷砖来说,给地面刷涂料是一种比较简单和容易的装饰方法。但在给地面刷涂料时,也要讲究技巧。如果不注意,就会出现涂膜龟裂、与基层脱开的情况。造成这种状况的原因很多,大致分为以下几种:1.混凝土与抹灰基层表面太光滑或有油污、尘土、隔离剂等,涂刷前没有清理干净;2.基层起砂。3.涂层过厚或基层潮湿。4.选用的基层腻子黏性小,漆膜表面黏性大,遇到潮湿后开裂,与基层脱开起皮。

那么,应该如何防止这些现象呢？我们可以采取以下措施:第一,在涂层施工前,必须将混凝土或抹灰基层表面的油污、尘土、隔离剂等用碱溶液及清水清洗干净。

第二,应保持基层的干燥,使其含水率小于10%,且不起砂。

第三,对基层表面的光滑部位要用锉毛或胶黏剂进行处理。

第四,选用合适的腻子和涂料,使之相匹配。

第五,涂膜层不宜太厚,涂膜丰满而盖住基层即可。

招式41　轻松解决油漆涂料地面的磨损和褪色

油漆涂料地面一般分为水泥油漆地面、水泥涂料地面和木质油漆地板。地面使用的日子久了，上面的涂层就会受到磨损，出现褪色的现象。针对这些问题，我们可以根据磨损的不同程度而采用不同的施工方法。当水泥油漆地面的磨损较大时，一般需要全部重漆。这时先应认真地对旧漆地面进行清理，有油渍或打过蜡的应该用汽油或松香水擦洗。污秽过多时必须用苛性钠溶液擦洗。如果原来的老漆剥落比较严重，应该用铲刀将不牢的旧漆皮全部铲掉，总之要将地面全部清理干净以后才能刮腻子上漆。

刷了水泥涂料的地面使用久了，也会因磨损而露出白底或者出现龟裂现象。这时可进行局部的清理，将磨损的部分和龟裂的涂层铲刮干净，然后用铁砂皮打磨平滑。再用水泥加颜料配制成的涂料液对损坏处进行嵌补。待其干燥后，用砂纸打磨平，清除灰尘，刷上一层带色的氯偏涂料就可以了。

如果地板的油漆磨损了，就是件麻烦的事，局部的修补效果不好，需要全部重漆。处理时应该先将地板上的污秽、油渍清理干净，用砂纸顺木纹打磨并用湿布揩擦一遍，然后刷上化稀的桐油和清漆。清漆干燥后用石膏腻子将木面的拼缝、疤节、凹陷处填平打光，再漆地板漆两遍，然后用清漆罩面即可。

招式42　不同房间地面的铺设要领

一般情况下，要根据业主的喜好和要求，对房间的地面进行铺设，不同的房间应该根据实用性、美观性和业主的个性追求铺设不同的材质，以达到最佳的地面装修效果。

第一，客厅地面的铺设。对客厅地面铺设材料的选择，除了个人的喜好和偏爱外，一要视居家常住人数和来访客人的频率来选择。如果人流大，适合用地砖、石材、强化复合地板等材料；如果人流小，可以考虑选用实木地板或高档进口大理石。二要视经济情况而定。如果经济情况很好，可选用高档实材，比较容易出效果，否则还是选择地砖为宜。

第二,卧室地面的铺设。建议卧室里铺木地板,不要铺冰凉的地砖。卧室是人们经过一天紧张的工作后最好的休息和独处的空间,它应具有安静、温馨的特征。木地板本身能平衡湿气,且本身会吸水,降低室内湿度,让人觉得舒服,尤其是对老人或怕寒的人,脚踩在木地板上,会有温暖的感觉。因此,选择用木地板来铺卧室的地面,是明智之举。

第三,厨卫地面的铺设。根据厨房和卫生间的用途和特性,建议厨房选用能耐脏的亮光砖,卫生间选用能防滑的亚光砖。这两种地砖的防水性能很好,脏了也好清洁打理,很适合厨卫地面使用,能使装修效果更加自然。一般厨卫的空间比较小,应当选择规格小的砖,这样在铺贴时可减少浪费。

在进行厨卫的瓷砖铺贴工作时,要掌握一些必要的技巧和方法。

第一,铺贴前要做好防水处理,使地坪增高凝固。

第二,剔除色差大、有裂纹、缺角、釉面损伤、翘曲等不符合质量要求的地砖。

第三,弹出纵向、横向基准线,要求与门框呈90度或45度夹角。

第四,每铺一行,须用直尺或通线检查纵横直线度和表面平整度。

第五,非整片瓷砖应该铺设在正视线以外。

第六,铺设用水泥浆可采用纯水泥,也可用1:2细砂浆。砖背面批灰时应饱满、充实,铺贴后用橡胶槌拍实。

第七,地砖铺设后水泥尚未凝固时,必须做好保护措施,其上不应承受重力,以防高低错位。

招式43 为孩子铺环保地板

居家环境中,对刚刚蹒跚走步的孩子来说,地板是他们最爱的地方。他们喜欢在地板上坐、爬、躺,追求他们自己的乐趣。

然而,有一个问题我们不能不防。对人体有害的甲醛等有毒物质往往藏匿于地板中。由于地板及与地板有关的污染释放是从地面开始蔓延的,并且一般聚集在地表附近。成人因身高和呼吸范围很难感觉到污染的存在,而孩子的身高及活动习惯决定了他们经常处于污染范围内,孩子离地面越近,意味着距离甲醛也越近。据检测,距离地面1.5米以内的空气层里,甲醛含量占室内甲醛总量的80%以上。加上孩子总是爱吮手指,喜欢在地板上爬玩,这样更增加了与污染的密切接触。因此,在家装时一定要选择符合国家有害物质限量标准的环保地面材料,并合理搭配地面材料,防止有害物质叠加造成污染。

此外,在装修孩子房间的地板时,还有一些需要注意的细节:首先,地板材质应该有温暖的触感,并且便于清洁,不能够有凹凸不平的花纹、接缝,因为任何不小心掉入这些凹下去的接缝中的小东西都有可能成为孩子潜在的威胁。其次,地砖材料虽然易于清扫,但过于坚硬,到处爬的孩子会觉得很不舒服。因此,地板更要具柔性,而且防滑性能要好。最后,不要铺装塑胶地板,因为它会释放出大量的挥发性有机物质,会影响孩子的健康。

第五章
8招教你装吊顶
bazhaojiaonizhuangdiaoding

招式44：别走进吊顶装修的误区
招式45：吊顶的主要类型
招式46：石膏板吊顶安装要领
招式47：如何进行PVC板吊顶
招式48：如何安装铝扣板吊顶
招式49：厨房吊顶需做到"三防"
招式50：卫生间吊顶八要点
招式51：吊顶的注意事项

99招让你成为
zhuangxiugongnengshou

吊顶是指房屋居住环境的顶部装修。简单地说,就是指天花板的装修,是室内装饰不可或缺的重要部分之一。吊顶由装饰板、龙骨、吊线等材料组成,可根据需要常换常新,是非常方便的家用单品。根据装饰板的材质不同,吊顶可分为石膏板吊顶、金属板吊顶、玻璃吊顶、PVC 板吊顶等。在家庭装修时,要根据房屋的大小、消费者的喜好和需求进行吊顶装修,达到美化居室环境的作用。

行家出招

招式44 别走进吊顶装修的误区

在现代家居装修中,使用吊顶主要是考虑可以隐蔽梁和管线,保护顶棚,调节光线,便于清洁,并起到美化居室环境的作用。但是在吊顶装修时,人们经常会走入误区,认为吊顶的造型越繁复、色彩越缤纷越好。这就在无形之中走入了一个误区。事实上,繁杂花哨的吊顶不仅不实用,还会给居家生活带来一些健康和安全问题。如果为了追求某种效果,将吊顶吊低,会在视觉上给人以紧张、压抑的感觉,从而可能引发一些生理上的反应,如头晕、恶心等,影响居住者的身体健康。而那些凹凸不平繁杂的吊顶,尽管会起到一定的装饰效果,但往往会成为积灰落尘的场所,又不好清理,长期下来会污染室内环境,给居住者带来疾病隐患。因此,我们在吊顶前,首先要对吊顶有一个正确的认识,不能走入误区,应该越简单越好。灯光也不能太过于复杂和花哨,应减少光源对人视觉和神经的刺激,营造一个和谐安宁的生活环境最重要。

招式45 吊顶的主要类型

根据样式和造型的不同,吊顶一般分为平板式吊顶、异形吊顶、局部吊顶、栅格式吊顶、藻井式吊顶等类型。

第一,平板式吊顶一般是以铝扣板、PVC、石膏板、矿棉吸音板、玻璃纤维板等为材料而做的吊顶,其在家装吊顶中占据了一席之地,家里的厨房、卫生间、阳台、玄关等部位一般采用这种类型的吊顶。

第二，局部吊顶是为了隐蔽居室顶部的水、电、暖气管道,且房间的高度又不允许全部吊顶的情况下采用的一种方式。

第三，异形吊顶是局部吊顶的一种,主要适用于卧室、书房等房间,具体方法是用平板吊顶的形式,把顶部的梁和管线隐蔽在吊顶内,顶面可嵌入筒灯或内藏日光灯,使装修后的顶面形成两个层次,不会产生压抑感。异形吊顶往往采用云形波浪线或不规则的弧形,一般不超过整体顶面面积的三分之一,若超过这个比例,就难以达到好的装修效果。

第四，栅格式吊顶的制作方法是用木材制成框架成品,镶嵌上透光或磨砂的玻璃,光源在玻璃上面,向室内透出光来。这种方法造型活泼,光线比较柔和、轻松和自然,装饰效果比较好,适用于居室餐厅或门厅的装饰。

第五，藻井式吊顶是一种要求较高、工序较为复杂的吊顶方式。其使用的前提是房间必须要达到一定的高度,一般情况下是要高于 2.85 米,而且面积要大,否则装饰不出美观的效果。其造型要点就是在房间的四周进行局部吊顶,可设计成一层或两层,增强空间的高度感和层次感,还可以改变室内的灯光照明效果。

招式 46　石膏板吊顶安装要领

由于石膏板造价便宜,对房屋进行简单装修时经常会选择这种板材进行吊顶装修。安装石膏板吊顶时需要注意以下几个方面：

第一，根据吊顶的设计标高在四周墙上弹线,并安装主龙骨,确定吊杆的位置。

第二，用膨胀螺栓悬挂吊杆或拉线,吊杆宜选用 6mm 的钢筋或木方进行连接和固定,主龙骨间距最好为 1000mm～1200mm,次龙骨连接安装件要紧贴着主龙骨,木方规格为 25mm×30mm。

第三，一般选用 9mm 厚纸面石膏板,网格规格应该不大于 400mm×400mm,可将石膏板用防锈自攻螺钉固定在龙骨上,实现石膏板与龙骨的紧密连接。石膏板的表面要平整,不得有污染、折裂、缺棱、掉角、刮伤等缺陷。

第四，铺设时,纸面石膏板的长边应该沿着纵向朝次龙骨铺设,螺钉与纸面石膏板边距为 15mm～20mm,钉距为 150mm～200mm,螺钉要平均布置,并与板面垂直，钉头嵌入石膏板深度以 0.5mm～1mm 为宜，记得千万不要让纸面石膏板破损，钉眼应该补上防锈漆，然后用石膏腻子抹平。

第五，石膏板接缝及与墙的接缝处要用石膏腻子抹平，可以贴绷带或网格布，然后再贴一层牛皮纸，利用腻子进行找平。

招式 47　如何进行 PVC 板吊顶

PVC 板吊顶以 PVC 为本料，经加工成为企口式型材，具有分量轻、拆装简便、防火、防潮、防蛀虫的特性，它表面的花色图案变化也非常多，并且耐净化、好清洗，有隔音、隔热的功能，并在工艺中加入了阻燃材料，使其能离火即灭，运用更为安全。PVC 板吊顶成本低、粉饰成效好，在家庭吊顶材料中拥有主要地位，成为卫生间、厨房、阳台等吊顶的主要材料。

安装 PVC 板吊顶有以下要点。

第一，先在墙面上弹出标高线，依此在墙的两端固定压线条，并用水泥钉固定好。板材按顶棚的尺寸裁好，按顺序将板材插入拼接。

第二，龙骨架应符合吊顶龙骨架的质量要求。

第三，用钉固定时，钉距不宜过大，应钉在卡槽内，钉头不得外露。

第四，PVC 板拼接整齐、平直，拼缝均匀一致。

第五，与墙面、窗帘盒、灯具等交接处应严密，不得有漏缝现象。

第六，轻型灯具等与龙骨连接紧密，重型灯具等不得与吊顶龙骨直接连接，应在基层上另设吊装件。

第七，用配套的塑料材质的顶角线将吊顶四周的墙角扣严实，采用角度对接，与墙四周严密，缝隙严密，均匀一致。

第八，面板与龙骨应连接紧密，表面平整，起拱正确，不得有污迹、折裂、缺棱、掉角、划痕、碰伤、锤印等缺陷，色泽要均匀一致。

招式 48　如何安装铝扣板吊顶

铝扣板吊顶是现代家装中所用的主要的吊顶类型。市场上有方形和条形两种。根据板材的表面特征，又可以分为有冲孔的铝扣板和无冲孔的铝扣板。表面有冲孔的铝扣板比较适合厨卫使用，因为它可以通气吸声，扣板内

铺有一层薄膜软垫,可以吸收潮气。在选购铝扣板时,要注意铝扣板的型号、规格、厚度和色泽是否符合实际要求,应有产品合格证书。铝扣板的表面应平整、不翘角、边缘平齐、无破损,摸上去弹性和韧性要足够好。

铝扣板的安装要注意以下几个方面:

第一,根据吊顶的设计标高在四周墙上弹线,弹线应该清楚,位置要准确,其水平允许偏差±5mm。

第二,沿着标高线用水泥钉将角铝固定在墙柱上。角铝的作用是吊顶边缘部位的封口,角铝的常用规格为25mm×25mm,其色泽应与铝合金面板相同。

第三,确定龙骨的位置线,因为无论是方形还是条形,每块铝扣板都是已成型的饰面板,一般不能再切割分块。为了保证吊顶饰面的完整性和安装可靠性,需要根据铝扣板的尺寸规格以及吊顶的面积尺寸来确定吊顶骨架的结构尺寸。对铝扣板的基本布置是:板块组合要完整,四周围边时,留边的四周要对称均匀,不可有的宽、有的窄,要将安排布置好的龙骨架位置线画在标高线的上面。

第四,主龙骨安装后应及时校正位置和高度。要控制龙骨架的平整,首先应拉出纵横向的标高控制线,从一端开始,一边安装一边调整吊杆的悬吊高度。待大面平整后,再对一些有弯曲翘边的单条龙骨进行调整,直至其平整度符合要求为止。

第五,吊杆应该通畅笔直并有足够的承载力。当吊杆需要接长时,必须搭接焊牢,焊缝要均匀饱满,进行防锈处理。吊杆距主龙骨端部的距离不能超过300mm,否则应该增设吊杆,以免主龙骨下坠,次龙骨应紧贴主龙骨进行安装。

第六,调整主龙骨和次龙骨的位置,确定两者是否保持水平。连接件应该错位安装,检查安装好的吊顶骨架,应该保持牢固和可靠,并符合有关的规范后,方可进行下一步的施工。

第七,安装铝扣板时,应把次龙骨调直。面板与龙骨应该连接紧密,表面要平整,平整误差不得超过5mm。起拱要正确,不得有污迹、折裂、缺棱、掉角、划痕、碰伤、锤印等缺陷,色泽要均匀一致。

第八,四周墙角要用配套的塑料顶角线扣实,对缝严密,采用角度对接,与墙四周严密,缝隙均匀一致。

招式 49　厨房吊顶需做到"三防"

现代家居生活中，给厨房安装吊顶是一项必不可少的步骤。假如给厨房的天花上都刷上乳胶漆，难免其不能与墙砖很好地吻合，外表上很不美观。而常规来说，橱柜不可能做到天花顶上，这样留出来的一部分空间，就需要做一个厨房吊顶来弥补。同时，厨房吊顶还兼有隐藏电线的功能，也便于厨房卫生的清理。厨房吊顶除了在款式和风格上需要斟酌外，还要注意"三防"，即防水、防潮和防火。那么，如何做到这"三防"呢？

第一，这里说的防火主要是在吊顶龙骨材料的选择上，不提倡采用木龙骨，宜采用轻钢龙骨。

第二，不要采用铝塑板。因为在安装铝塑板的过程中，要采用木工板撑底，这种做法如果在防潮上处理不好，后果将不堪设想。

第三，给厨房做吊顶，关键是要在施工过程中"把握分寸"，即固定件钻孔时，不要钻得太深，以免破坏了楼上住户家厨房地面的防水层，导致防水功能丧失，给自己家里带来后患，建议钻孔时通常保持3-4厘米最为理想。

招式 50　卫生间吊顶八要点

卫生间潮气多，湿度大，给卫生间吊顶时应该从材质的选购、安装的方法等方面进行仔细的把关和施工。

一、因洗漱和沐浴缘故，卫生间的潮气一般较重。金属、铝扣板等材质适合于卫生间吊顶。

二、扣板要放置平整，不能受重力压制，特别是在运输和堆放过程中更要注意这一点。

三、安装前要检查铝扣板和与之配套的龙骨、配件是否发生弯曲和变形。

四、安装铝扣板时，如尺寸有偏差应先进行必要的调整，然后再按顺序镶插，不得硬插，以防变形。

五、龙骨安装间距偏差应控制在1.5米之内。

六、灯具、排气扇等应该单独用龙骨固定，不能直接放在铝扣板上。

七、玻璃或灯箱吊顶注意要使用安全玻璃。

八、设检修孔，在家庭装修中，吊顶一般不设置检修孔，觉得有碍观瞻，但殊不知，一旦吊顶内的管线设备出了故障就难以检测修复，给居家生活带来诸多不便。我们可以对检测口做艺术化处理，譬如与灯具或装饰物相结合，既满足了美观要求，又为日后的检修提供了方便。

招式51 吊顶的注意事项

一、吊顶所要使用的材料的品种、规格、颜色以及固定方法应该符合装修设计要求或业主的要求。

二、在保管和安装吊顶龙骨时，不得扔摔、碰撞。罩面板在运输和安装时，应轻拿轻放，不得损坏板材的表面和边角，并应该防止板材受潮变形。

三、应该根据工程的具体情况在吊顶内适当布置灯槽、斜撑和十字撑。轻型灯具应该吊在主龙骨或附加龙骨上，重型灯具或吊扇不得与吊顶龙骨联结，应该在基层顶板上另埋设吊点。

四、木质吊顶要刷防火涂料。木头属于易燃型材料，因此要作防火处理，安装木质吊顶前应该做两遍防火涂料，不可漏刷，直接接触墙面和卫生间吊顶的龙骨要涂刷防腐剂。

五、罩面板要因地制宜地进行选择和安装。厨房、卫生间的吊顶宜采用金属、PVC等材质的罩面板。由于厨房里经常会有因炒菜做饭而产生的水蒸气，而卫生间是沐浴洗漱的地方，很容易受潮。如果选用易吸潮的罩面板，就会出现变形和脱皮。因此，要选择不易吸潮的金属或塑料扣板。

六、罩面板安装前，应该根据构造需要分块弹线。带装饰图案的罩面板，宜由中间向两边对称排列安装。墙面与顶棚的接缝应交接一致。

七、罩面板与墙面、窗帘盒、灯具等交接处应严密，不得有漏缝现象。

八、搁置式的轻质罩面板，应设置压卡装置，不得有悬臂现象。

九、吊顶施工过程中，电气设备等安装应密切配合，特别是吊灯、电扇等处的增补强度应符合设计要求。

十、罩面板安装后，应防止损坏及污染。

十一、落空4米以上的石膏板吊顶，除用自攻钉固定外还应增加粘接固定，所有金属点应该用油漆封堵。

> **温馨提示**

如何挑选吊顶龙骨

龙骨是装修吊顶中不可缺少的部分,主要包括木龙骨和轻钢龙骨。选购时应该注意以下几点:

选择木龙骨时,要选择一些含水率低、干缩小、不容易劈裂、不易变形的树种做成的木龙骨。如白松、红松、马尾松、花旗松、落叶松、杉木、椴木加工而成的木龙骨。不能使用黄花松或其他硬杂木做成的木龙骨。

轻钢龙骨骨架按材断面分为U型龙骨和T型龙骨。它是以镀锌钢板、经冷弯或冲压而成的顶棚和骨架支承材料,具有自重轻、刚度大、防火抗震性能好,加工安装方便等特点。挑选时要注意龙骨的厚度,最好不低于0.6毫米,最好选用不易生锈的原板镀锌龙骨,避免使用后镀锌龙骨。两者的区别是原板镀锌龙骨上面有雪花状的花纹,强度要高于后镀锌龙骨。

第六章
10招教你做好门窗

shizhaojiaonizuohaomenchuang

招式52：木门窗的类型和施工工艺
招式53：木门窗安装要点
招式54：如何选购铝合金门窗
招式55：科学安装铝合金门窗
招式56：如何选购塑钢门窗
招式57：塑钢门窗的安装要领
招式58：如何选购玻璃门窗
招式59：玻璃门巧安装
招式60：如何包门套
招式61：组合门套巧安装

99招让你成为
zhuangxiugongnengshou

门窗是居室中不可缺少的一部分。发展至今，门窗已经历过木窗、铝合金门窗、塑钢门窗、玻璃门窗等四个时代。木门窗价格适中，封密性差，怕火易燃，变形开裂，维护费用高，使用寿命短；铝合金门窗阻燃性好、外观豪华、坚固耐用；塑钢门窗具有优良的气密性、水密性、隔音性和保温性，节能显著；玻璃门窗既有塑钢、铝合金门窗的坚固性，又有塑钢门窗的保温、节能、隔音性能，很受消费者欢迎。本章将对家庭装修中各种门窗的制作和安装进行介绍，引导广大装修人员学会门窗装修知识和技巧，成为这一行的"多面手"。

行家出招

招式 52 木门窗的类型和施工工艺

木门窗主要分为平开门窗及推拉门窗两大类。

平开木门窗的施工工艺如下：确定门窗安装位置→弹出安装位置线→将门窗框就位，摆正位置→临时加以固定→用线坠、水平尺将门窗框校正、找平→将门窗框固定好→预埋在墙内→将门窗扇靠在框上→按门口划出高低、宽窄尺寸后开始刨修合页槽→安装合页，位置应准确。

推拉门窗又分为悬挂式推拉木门窗和下承式推拉门窗。

悬挂式推拉木门窗的施工工艺流程为：确定好安装位置→固定门的顶部→侧框板固定→吊挂件套在工字钢滑轨上→工字钢滑轨固定→固定下导轨→装入门扇上冒头顶上的专用孔内→把门顺下导轨垫平→固定悬挂螺栓与挂件→检查门边与侧框板是否吻合→固定门窗→安装贴脸。

下承式推拉窗的施工工艺流程为：确定好安装位置→下框板固定→侧框板固定→上框板固定→剔修出与钢皮厚度相等的木槽→钢皮滑槽粘在木槽内→专用轮盒粘在窗扇下端的预留孔里→将窗扇装上轨道→检查窗边与侧框板缝隙→调整→安上贴脸。

招式 53　木门窗安装要点

第一，在木门窗安装施工过程中，首先应该在基层墙面内打孔，下木模。木模上下的间距应该小于300毫米，每行间距应该小于150毫米。

第二，按设计门窗贴脸宽度及门口宽度锯切大芯板，用圆钉固定在墙面及其门洞口上，将圆钉钉在木模子上。检查底层垫板是否牢固安全后，做防火阻燃涂料涂刷处理。

第三，门窗套饰面板应该选择图案花纹美观、表面平整的胶合板，胶合板的树种应符合设计要求。

第四，裁切饰面板时，应该先按门洞口及贴脸宽度弹出裁切线，用锋利裁刀裁开，对缝处刨45°角，背面刷乳胶液后贴于底板上，表层用射钉枪钉入无帽直钉加固。

第五，门洞口及墙面接口处的接缝要求平直，45°角对缝。饰面板粘贴安装后用木角线进行封边和收口，角线横竖接口处刨45°角进行接缝处理。

招式 54　如何选购铝合金门窗

第一，要注意标志的识别。正规或有生产许可证的厂家，在其铝合金产品的明显部位都会注明产品的标志，包括：制造厂名或商标、产品名称、产品型号或标记、制造日期或编号。包装箱上应该有明显的"防潮"，"小心轻放"及"向上"的字样和标志。

第二，鉴别表面质量。铝合金门窗表面质量的优劣直接影响着安装后整个墙面的装饰效果。检查门窗表面质量时应注意以下几个方面：门窗装饰表面不应该有明显的损伤；门窗上相邻构件的表面不应该有明显的色差，门窗表面不应该有铝屑、毛刺、油斑或其他污迹，装配连接处不应该有外溢的胶黏剂质量好的铝合金门窗应该有保护膜，使用时再将保护膜撕掉。

第三，看有无尺寸偏差。铝合金门窗框的尺寸偏差以最小为好。

第四，检查铝合金门窗构件。铝合金门窗构件连接应该牢固，需要用耐腐蚀的填充材料使连接部分密封、防水。

第五，看材质。在材质用料上主要有6个方面可以参考：

1.厚度:铝合金推拉门有70系列、90系列两种,住宅用的铝合金推拉门用70系列即可。系列数表示门框厚度构造尺寸的毫米数。铝合金推拉窗有55系列、60系列、70系列、90系列四种。系列选用应根据窗洞大小及当地风压值而定。用作封闭阳台的铝合金推拉窗应不小于70系列。

2.强度:选购铝合金门窗时,可用手弯曲型材,但要掌握力度和分寸。优质的型材在放手后可以恢复原状。

3.色度:同一根铝合金型材色泽应该一致,如色差明显,就不宜选购。

4.平整度:检查铝合金型材表面,应该没有凹陷或鼓出。

5.光泽度:表面有开口、气泡、灰渣以及裂纹、毛刺、起皮等明显缺陷的型材不宜选购。

6、氧化度:可以在型材表面轻轻划一下,看其表面的氧化膜是否可以擦掉。

第六,看加工。优质的铝合金门窗加工精细,安装讲究,密封性能好,开关自如,配有不锈钢或镀锌附件。劣质的铝合金门窗则加工工艺粗糙、开关不灵活自如,密封性不好,最好不要选择。

第七,看价格。一般情况下,优质的铝合金门窗价格要比劣质的高30%左右,要识货再选货,不能因为价格因素而选择质劣的存在安全隐患的门窗。

招式55 科学安装铝合金门窗

铝合金门窗具有以下特点:

第一,轻巧、坚硬、牢固、耐用。通常情况下,铝合金门窗比塑钢门窗在重量上要轻一半;它比木门窗耐腐蚀,不易朽坏,其氧化着色层不脱落,不褪色,经久耐用。

第二,色泽光洁。铝合金门窗的外形自然美观、表面质地光洁、色彩艳丽有光泽,且不容易褪色,能有效增强门窗的装饰效果。

第三,密封性能好。铝合金门窗的气密性比较高,水密性及隔音性都比木门窗和钢门窗要好。

在进行铝合金门窗的安装时,应注意下面几个问题:

第一,安装前应该对门窗洞口的形状和位置进行精确的放样和校正,检查预埋砼的数量和位置是否完全符合设计的要求,高层的窗是否按照有关的规定接入了防雷带,对于不合格的部分应该督促建设单位整改才能进行门窗的安装。

第二,需要用水泥砂浆嵌缝的门窗,在上墙安装之前要做防腐处理。窗框的表面要用黏胶带或塑料带进行保护,朝外的窗框除外。朝墙面不得有黏胶带或塑料带的存在,以免造成结合部缝隙渗水。

第三,门窗上墙后要用木楔块调整定位,再用射钉固定牢固,不能使用铁钉和木楔进行固定。嵌缝前应该请监理单位做好隐蔽工程的验收记录,并对门窗的垂直、水平和对角线进行校核,嵌缝后木楔块要及时取出,不得遗留在缝内。

第四,给窗框和墙体之间的缝隙打防水胶,要选好时机,必须在墙体干燥后进行。若墙体尚未干燥,灰尘尚未清除干净,墙体释放出的水蒸气会使密封失效。

第五,安装玻璃和窗扇前,要清除之前用以保护表面的黏胶带或塑料带,要及时清除窗框部位的污物。

第六,玻璃和窗扇安装完成后,应该检查配件是否漏装,安装是否牢固,窗扇启闭是否灵活。

招式56 如何选购塑钢门窗

塑钢门窗是人们普遍采用的门窗装饰材料,其具有以下性能和优点:

1. 保温性能好:导热系数低,隔热效果很强。
2. 隔音性能好:其结构经精心设计,接缝严密,隔音效果显著。
3. 气密性好:铝塑复合窗各隙缝处均装多道密封毛条或胶条,气密性为一级。
4. 防火性好:铝合金为金属材料,不易燃烧。
5. 防盗性好:配置优良的五金配件和高级装饰锁,使盗贼束手无策。
6. 保养方便:不易受酸碱侵蚀,不会变黄褪色,几乎不必保养。脏污时,用水加清洗剂擦洗即可,清洗后洁净如初。

在选择塑钢门窗时,要遵循以下几个要点:

第一,观察型材。型材的壁厚应大于2.5毫米,框内应该嵌有专用的钢衬,内衬钢板厚度不小于1.2毫米。要注意门窗的框和扇的型材颜色是否一致，外观是否均匀，型腔分布是否合理。质量好的塑钢门窗，表面通常有光泽，很有韧性。

第二，看门窗密封性能。优质塑钢门窗的密封性能良好，其密封条很均匀，各种型材之间的配合间隙很紧密，配合处的切口很平滑、很整齐。

第三，看玻璃。玻璃应平整、无水纹，安装牢固，若是双玻夹层，夹层内应该没有灰尘和水汽。玻璃与塑料型材不能直接接触，应该有密封压条贴紧缝隙。

第四，看塑钢门窗的五金件质量。好的五金件看上去应该显得厚实，且表面光泽度好，保护层致密，没有碰划伤的痕迹，还要开启灵活。

第五，一定要检查门窗生产厂家有无当地建委颁发的生产许可证，千万不能贪图便宜，采用街头小作坊里生产的塑钢门窗，其质量和信誉都是无法保障的，这样的塑钢门窗，质量和寿命存在着极大的安全隐患。

招式57 塑钢门窗的安装要领

第一，安装前要确保窗框洁净、平整、光滑、无划痕、碰伤，型材无开焊断裂。

第二，要检查五金件是否齐全，安装的位置要正确，安装要牢固，能灵活使用，达到各自的使用功能。

第三，注意密封条与玻璃及玻璃槽口的接触应平整，不得卷边、脱槽。

第四，力求密闭，当门窗半闭时，扇与框之间无明显缝隙，密封面上的密封条应处于压缩状态。

第五，玻璃应平整、安装牢固，不应有松动现象，单层玻璃不得直接接触型材，双层玻璃内外表面均应洁净，玻璃夹层内不得有灰尘和水汽，隔条不能翘起。

第六，带密封条的压条必须与玻璃全部贴紧，压条与型材的接缝处应无明显缝隙，接头缝隙应小于或等于1毫米。

第七，螺钉间距应该小于或等于600毫米，内衬增强型钢两端均应与洞口固定牢靠。

第八，窗框应横平竖直、高低一致，固定片的间距应小于或等于600毫米，框与墙体应该连接牢固，缝隙应用弹性材料填嵌饱满，表面用缝膏密封，无裂缝。

招式58 如何选购玻璃门窗

玻璃门窗可以说是出现在木门窗、塑钢门窗、铝合金门窗之后的第四代门窗，其具有保温、耐火、防水、防腐、隔音、封密性好、防火阻燃、不易变形、强度好、安装方便、工艺讲究等性能，而这些都是木门窗、塑钢门窗、铝合金门窗所无法比拟的。在选购玻璃门窗时，应该注意以下几点：

第一，购买时应该注意包装上是否标有"3C"标志。

第二，要注意玻璃的厚度，并根据不同的用途进行选择。如淋浴房的玻璃厚度应该在8毫米以上；地弹簧门的玻璃厚度应该在12毫米以上。

第三，要看玻璃表面的平滑度和整洁度，观察有无气泡或夹层中是否夹有杂物，玻璃上有无划伤、线道和雾斑等等。

第四，要看五金配件和轨道滑轮是否完好无损，开启灵活。

招式59 玻璃门巧安装

第一，材料要求：玻璃门的型号和规格应该符合设计和安装的要求，五金配件要配套齐全，并具备出厂合格证；固定玻璃板必须和玻璃门拥有同样的厚度，而且必须符合设计要求，具备出厂合格证；辅助材料、密封胶、万能胶等应该符合设计要求和有关标准及规定。

第二，主要机具设备：手提砂轮机、玻璃刀、密封胶注射枪、玻璃吸盘器、细砂轮、直尺、螺丝刀、吊线坠。

第三，安装前的准备工作：

1. 墙和地面的装饰施工已经完毕，现场已经清理干净，并经验收合格。

2. 门框的不锈钢或其他饰面已完成，门框顶部用来安装固定玻璃板的限位槽已经预留好。

3. 把安装固定厚玻璃的木底托用钉子或万能胶固定在地面上，接着在木底托上方引一侧钉上用来固定玻璃板的木条，然后用万能胶将该侧不锈钢或其他饰面粘在木底托上，铝合金方管可用木螺丝固定在埋入地面下的防腐木砖上。

4. 按设计要求，安装地弹簧和定位销，以方便门窗的开合。

5. 从固定玻璃板的安装位置的上部、中部和下部量三个尺寸，以最小尺寸为玻璃板的裁切尺寸。如果上、中、下量得的尺寸一样，则裁玻璃时其裁切宽度应小于实测尺寸2mm，高度应小于实测尺寸4mm。玻璃板裁好后，应该在周边进行倒角处理，倒角宽度2mm。

第四，施工操作工艺：

1. 固定玻璃的安装：利用玻璃吸盘器把裁切好并倒好角的玻璃吸紧，然后手握吸盘器把玻璃板抬起，插入门框顶部的限位槽内后放到底托上，并调整好安装位置，使玻璃板边部正好盖住门框立柱的不锈钢或其他饰面的对口缝，接着在木底托上钉另一侧木条，把玻璃板固定在木底托上。在木条上涂刷万能胶，将该侧不锈钢饰面或其他饰面粘卡在木方上。在门框顶部限位槽处和底托固定处、玻璃板与门框立柱接缝处注入密封胶。注胶时紧握注射枪压柄的手用力要均匀，从缝隙的端头开始，顺着缝隙均匀缓缓移动，使密封胶在缝隙处形成一条表面均匀的直线，最后用塑料片刮去多余的密封胶，并用干净抹布擦去胶痕。

2. 固定玻璃板必须采取两块或多块对接的方式进行，对接时对接缝应留够2~3mm的距离，玻璃的边必须进行倒角，对接的玻璃得以定位并固定好后，用注射枪将密封胶注入缝隙中，注满后用塑料片在玻璃两侧刮平密封胶，用干净布擦去胶迹。

3. 用吊线坠测量地弹簧与门框横梁上定位销的中心是否在同一水平直线上，若不在同一水平直线上，则必须及时处理使其在同一水平直线上，不得有偏差。

4. 在门框的上下横档内进行画线，并依线和地弹簧安装说明书固定转动销的销孔板和地弹簧的转动轴联接板。

5. 门扇玻璃四周应该进行倒角处理，并加工好安装门把的孔洞，应注意门扇玻璃的高度尺寸必须包括安装上下横档的安装部分，一般门扇玻璃的裁切尺寸应小于实测尺寸5mm，以便于调节。

6. 在玻璃门扇的上方和下方分别安装上下对称的横档，并测量门扇的具体高度。假如门扇不够高，可向上下横档内的玻璃底下垫上木夹板条，如果门扇过高，已经超过了安装尺寸，就要切除门扇玻璃的多余部分。

7. 在确定好门扇高度之后，即可固定上下横档。在门扇玻璃与金属上下横档内的两侧空隙处，同时从两边插入小木条，并轻轻打入其中，然后在小木条、门扇玻璃、横档之间的缝隙中,注入密封胶。

8.门扇定位安装:先把定位销调出横梁平面1mm~2mm,再把玻璃门扇竖立起来,将门扇下横档内的转动销连接件的孔位对准地弹簧的转动销轴,将孔位套在销轴上,然后以销轴为中心,把门扇转动90°,使门扇与门框横梁成直角。再把门扇上横档的转动连接件的孔位对准门框横梁上的定位销,并把定位销插入门扇上横档转动销连接件的孔位里。

9.玻璃门拉手的安装:先给拉手插入玻璃的部分涂一点密封胶,然后将拉手的连接部位插入玻璃门的拉手孔内,再将另一面拉手套入伸出玻璃另一面的连接部位上,并使其两面拉手根部与门扇玻璃贴合紧密,再上紧固定螺钉,以保证拉手没有丝毫的松动现象。拉手连接部位插入玻璃门拉手孔时不能很紧,应略有松动。如果太松,可在插入部分裹上软质胶带。

招式60 如何包门套

第一,弹线打眼,钉眼之间的距离不能大于300mm-400mm,钉眼的深度不小于40mm,钉眼的大小不小于8mm。

第二,采用大芯板衬底,缝隙用大芯板条填塞充实,其余空隙部分用石膏快干粉填实,在未固定大芯板门套前,打好木楔,并用石膏快干粉把墙面填实找平,然后再贴大芯板。

第三,大芯板靠墙部分用903胶粘贴,点状距离不超过200mm。

第四,大芯板与木楔之间用3寸钉或防松地板钉进行固定。

第五,贴饰面板之前应该先刷两遍清漆,饰面板与大芯板之间用白乳胶粘贴并用蚊钉固定,实木未收口时,应用三合板条做保护。

第六,实木收边:在大芯板与实木线的接口处涂上乳胶,用枪钉固定门套线,并用胶将其与墙的缝隙进行点状粘贴,其余部分用石膏快干粉填实,实木收口后在24小时内至少刷3遍清漆。

第七,做好的门套不能有明显的颜色差别,连接处应该平整,接口处缝隙不大于1mm,靠墙部分无松动。

第八,厨房、卫生间的门套必须做防潮处理,要给大芯板底部和靠墙部分刮一遍原子灰,刷两遍清漆。

招式61 组合门套巧安装

第一,对洞口进行校对,看洞口尺寸是否符合设计和安装要求,如果不符合要求,应该予以必要的处理,为正确安装打下基础。

第二,拆包后检查门框、门套线、密封条、挡门条、零部件等是否齐全和完好无损。

第三,组装门框时竖框与横框的搭接处必须涂胶,然后用自攻螺丝进行固定。

第四,按照室内标高线进行定位,先用木楔从门框周围夹紧门框,再用工装和木楔从门框内口撑紧门框,通过夹门框内外的木楔,调整门框的竖直度、水平度及门框内径的尺寸,使其达到设计和安装要求。

第五,给门框和墙体间填充发泡胶之前,要先对墙体进行清理,除去上面的污物,然后用喷壶湿润墙面,再填充发泡胶,注意要适量填充发泡胶,不能太多,多余的发泡胶要用刀片切平,抹去。

第六,耐心等待4~6小时,当发泡胶固化后,卸下工装和木楔,在门框嵌槽内涂上胶,然后将门套线嵌入门框内,轻轻敲紧和压实,使门套线与墙体紧密贴合。

第七,安装门扇时要注意门的开启方向,安装五金时要求门扇与门框间隙达到设计要求,保证门扇开关灵活。

温馨提示

轻松解决铝合金门窗渗水问题

用过铝合金门窗的人,或许碰到过这样的苦恼。铝合金门窗用久了,框同墙体的连接处就会产生裂缝,而安装时又没有用密封胶进行填嵌和密封,如果外面下雨了,雨水就会从裂缝处渗入室内。

其实,这一困扰是可以避免的。为了防止门窗框渗水,在施工时应该采取相应的措施:

第一、在安装铝合金门窗时,框和墙体应该做好有弹性的连接,要在框的外侧嵌上木条,留设 5mm×8mm 的槽口,防止水泥砂浆和框体直接接触。施工时应该先清除连接处槽内的浮灰、砂浆颗粒等杂物,再在框体内外与墙体连接处的四周,打入密封胶进行封闭,注胶要连续和匀称,确保粘结牢固。

第二、对组合门窗的杆件进行拼接时,应该采用套插或搭接连接的方法,搭接长度要大于 10mm,然后用密封胶进行密封。严禁采用平面和平面组合的做法。同时,对外露的连接螺钉,也要用密封胶掩埋密封,防止渗水。

第七章
15招教你做好厅房装饰妙计
shiwuzhaojiaonizuohaotingfangzhuangshimiaoji

招式62：客厅装修要点
招式63：客厅照明的布置
招式64：巧妙装饰玄关
招式65：卧室装修要点
招式66：走出卧室装修的几个误区
招式67：教你轻松装修卧室
招式68：如何装修小卧室
招式69：书房装修要点
招式70：如何搭配书房的色彩
……

在家庭装修中,厅房是重要的部分,几乎占据了装修工程的大半。作为房屋的主体部分,客厅、卧室及书房是居室主人生活和停留的主要空间,因此,要精心设计,仔细施工,选用各种环保和优质的装修材料,将厅房的每一个细微之处都装修到位,营造出适合主人居住的环境来。

行家出招

招式62　客厅装修要点

客厅是家庭居住环境中最大的生活空间,也是家庭的活动中心,它的主要功能是家庭会客、看电视、听音乐、家庭成员聚谈等。客厅家具的配置主要有沙发、茶几、电视柜、酒柜及装饰品陈列柜等。由于客厅具有多功能的使用性,面积大、活动多、人流导向相互交替等特点,因此在装修时与卧室等其他生活空间须有一定的区别,应充分考虑环境空间弹性利用,突出墙壁、地面等重点装修部位,灯光设置科学,家具配置应合理安排。

第一,客厅一般可划分为会客区、用餐区和学习区三部分。会客区是最主要的部分,面积应该大一些,位置应当适当靠外一些;用餐区的面积可以小一些,位置应该接近厨房,学习区应该按照具体的客厅结构做适当和合理的设计,可以只占据一个角落,只要实现其功能即可。

第二,客厅的色彩设计应该有一个主要的色调。采用什么色彩作为基调,应该体现主人的爱好。色调主要是通过地面、墙面、顶面来体现的,而装饰品、家具等设备只是起调剂、补充和点缀的作用。

第三,客厅装修要体现主人的喜好风格。客厅的风格基调往往是家居格调的主脉,把握和决定着整个居室的风格。因此,风格的统一和明确十分重要。客厅的风格可以通过多种方法来表现,其中吊顶及灯光、色彩的不同运用更能表现客厅的现代风格。

第四,客厅的装修要折射主人的个性。客厅装修要讲究特性,必须能体现主人自己独特的个性。不同的客厅装修中,每一个细小的差别都能反映出主人的人生修养和生活品位。我们可以通过装修材料、装修手段及家具来表现不同主人所要展示的客厅的不同个性魅力,但更多的是通过配饰等"软装饰"来表现,如工艺品、字画、坐垫、布艺、小饰品等,这些更能展示出主人的修养。

第五,要对客厅进行适当和合理的分区。客厅是家居、生活的中心地带,要讲求实用和方便,并根据主人不同的需求进行分区,分区要合理和恰当。客厅区域划分可以采用硬性区分和软性划分两种方法。软性划分是用"暗示法"塑造空间,利用不同装修材料、装饰手法、特色家具、灯光造型等来划分。如通过吊顶或局部铺地毯等手段把不同的区域分开来。小空间的家具布置宜以集中为主,大空间则以分散为主。硬性划分是空间分成相对封闭的几个区域来实现不同的功能。主要是通过隔断、家具的设置,从大空间中独立出一些小空间来。

第六,要注重对客厅顶面、地面和墙面的装饰。墙面当属重点,但也有主次之分,四面墙不能平均用力,要讲求"浓妆淡抹总相宜"的效果。应该确立一面主题墙,主题墙是指客厅中最引人注目的一面墙,一般是放置电视和音响的那面墙。在主题上,可以运用大理石、石膏板、墙布等各种装饰材料做一些造型,突出整个客厅的装饰风格。顶面与地面是两个水平面,顶面处理对装修空间的影响要比地面更加显著。地面通常是最先引人注意的部分,其色彩、质地和图案直接影响室内观感,最好不要选择多种不同材质或不同颜色的地板,以免显得凌乱,失去整体美感。

招式 63　客厅照明的布置

客厅的照明有所讲究,可以在客厅的顶部布置吊灯或射灯,以追求客厅整体大范围的光亮。也可以在客厅的某一细节处布置一盏台灯或安装上漂亮的壁灯,追求某一局部的照明效果。朝向好,阳光充裕的客厅一般不需要特别强烈的人工照明,主要考虑的是与整体环境的配合。选择光线柔和的吊灯作为整体照明,可以让客厅处于一种悠闲温馨的氛围中,还可以在沙发边设置一盏台灯或壁灯,方便主人在客厅阅读或是与客人坐在一起细语轻谈。但是,如果客厅的朝向不好,阳光不充裕,或根本照不进来,就需要仔细地布置照明来制造客厅所需的氛围或环境了。不仅要布置吊灯这样的光线集中的照明设备,而且最好在顶部再布置几盏射灯,方便调节光线亮度。

招式 64　巧妙装饰玄关

玄关是进入室内换鞋、更衣或从室内去室外的缓冲空间,也称斗室、过厅和门厅。在住宅中,玄关虽然面积不大,但使用频率较高,是进出住宅的必经之地。

设计玄关是有所讲究的,可以遵循下面几个方面考虑和设计。

第一,以保护主人的私密性为原则进行设计和装修。玄关是居室的大门入口,是开门后给人第一印象的重要场所,也是平时家人出入的必经之地。在设计玄关时,既要给入门处设置一块视觉屏障,避免外人一进门就对整个居室一览无余,又要让家人进出门时有停留的回旋空间。玄关的设立应充分考虑与整体空间的呼应关系,使玄关区域与会客区域有很好的结合性和过渡性,应让人有足够的活动空间。

第二,玄关的设计应该给人以通透之感,不能让人感觉压抑。

第三,玄关要起到装饰和提升居室品位的作用。对玄关要力求突显。玄关的设计切勿繁杂,应以简洁、明快的手法来体现一个家居的特征。

第四,玄关应该充分考虑到其设置的基本功能,如可以设置一个鞋柜放鞋,设置一处可以放伞的角落或可以放置随身小物件的东西等。

第五,玄关的装饰材料要简洁明快,材料和色彩运用应尽量做到单纯和统一,不能太过复杂和杂陈,给人以拥挤、繁闹的感觉,尽量创造一个让人感觉自然而轻松的舒适环境。

第六,玄关的照明可以采用吸顶荧光灯或简单的吊顶射灯,在墙壁上安装一盏或两盏造型别致的壁灯也是不错的选择,既能够保证门厅内有较高的亮度,也用别致巧妙的构思和独具一格的灯饰将环境空间点缀得高雅和与众不同。

第七,不宜把插花、盆栽、盆花、观叶植物等并陈在玄关,既阻碍行走,也容易碰伤植物。若是门厅比较阔大,倒是可以配置一些绿叶植物,但叶部要向高处发展,不能朝四周围扩散,阻碍了视线和人的出入。

招式65 卧室装修要点

卧室是人们用来休息和睡眠的生活空间，要求有极强的私密性和静谧性。卧室的基本功能分为两方面：一方面，它必须满足休息和睡眠的基本要求；另一方面，它必须适于休闲、工作、梳妆和卫生保健等综合需要。因此，卧室装修要注意以下要点。

首先，卧室中最重要的区域是睡眠区。要保证人在这里得到充足而舒适的睡眠，就要对这个区域进行科学和合理的设计与装修。这个区域的主要家具是床和床头柜，睡床的摆放要讲求合理性和科学性。床的两面常设有床头柜和床头几等，要根据夫妻双方的身心需要和实际环境来决定睡床的摆放位置，但是忌将床摆放到窗口。

其次，卧室的色调应该以暖色调为宜，温暖平和的暖色调可以使卧室内充满温情的色彩，让人感觉到舒适。但是一般来说，也可根据个人偏好、性格和精神进行搭配或调整。在选择色彩时，要根据主人的性格特点选择，使卧室内真正充满温馨和爱意。

再其次，根据主人的喜好，卧室内应该设置梳妆台和镜前凳。可依室内情况和个人爱好分别采用移动式、组配式或嵌入式的梳妆家具形式，但嵌入式的形式更能节省空间，增强卧室的整体美感，不妨多采用。

最后，卧室的光线设置要有所讲究。卧室的照明设计中，天花灯应该安装在光线不会对人体产生伤害，刺眼的位置；床头灯可使室内更具浪漫温馨的气息，因此，可以在床头柜上添置台灯，满足主人阅读的需求；同时，卧室的地灯也不能忽视，地灯应该安装在卧室进门处，晚间起床时，可避免摸黑，防止摔倒。窗帘最好制作成两层的，一层厚实遮光，一层薄纱透光，满足白天和黑夜，阴天和晴天的不用光线要求。

总之，卧室的设计应在以人为本的前提下去营造一个温馨、舒适的空间。

招式66 走出卧室装修的几个误区

第一，卧室功能复杂。卧室主要是人睡眠和休息的地方，要创造一个绝对安静的休息环境，这样才有助于睡眠，让人休息好。但现在很多家庭都在卧室里放置了电视机、电脑等，往往是伴着电视的声音入睡，造成睡眠质量的下降。因此，在装修时还是让卧室的功能变得简单一点为好，主要体现卧室的睡眠和休息功能。至于电视应该放在客厅里，不要影响到人的身体健康。

第二，卧室的设计复杂。有些人很喜欢在卧室的天花上吊复杂的吊顶，喜欢在卧室里摆放过多的家具和饰品，这些都是不可取的，因为这样会使环境变得簇拥，让人有严重的压抑感，进而影响睡眠的质量。

第三，卧室里摆放过多植物。在家里适当地摆放一点绿色植物可以起到点缀装饰、使家里充满生机的作用。然而，植物不宜过多，以一两盆为妙。尤其是卧室里，更不宜放过多的植物。这是因为当夜晚光照不足时，植物会吸入氧气，放出二氧化碳，加上睡觉时门窗紧闭，很容易造成室内空气不流通，聚集大量二氧化碳和废气，使人处于缺氧状态，影响人的身体健康。

第四，床摆放的方位不对。如果将床头放在窗下，人在睡眠中会产生不踏实的感觉，很难达到熟睡的理想状态，导致睡眠质量不高。如果床头正对着卧室的门，客厅里的人一眼就能看到卧室的床，这样会使卧室缺乏宁静感，影响主人的休息。应该选择南北方向摆放床。如果卧室的面积比较大，可以将床摆放在房间的中间，如果卧室的面积不大，就要靠墙角布置床，但不宜临窗，要尽量将床放在光线较暗的地方，有助于人的睡眠。

招式67 教你轻松装修卧室

第一，合理分区。总体来说，卧室可以划分为睡眠区、梳妆区、活动区等。由于卧室私密性强，因此分区的原则就是依据房主的个人需要及房间的大小而定。小房间可以选择一些节省空间的家具，也能帮助卧室划分更多区域。如使用隐藏式床具，就可以节省出活动空间，以划分出更多活动区。

第二，整体布局。要明确卧室内摆放家具的结构安排和卧室的整体风格设计，根据卧室的基本功能，床具和衣柜是不可或缺的基本家具，在设计时要确定床的基本样式，其余如床头柜、书柜、桌椅、梳妆台等，则可按照实际情况决定。

第三，设计电路和照明。卧室里的电路一般应包括电源线、照明线、电话线等。应该在床头柜的上方预留电源线口，并采用5孔插线板带开关，以减少床头灯没开关的麻烦。还应该预留电话线口，如果是双床头柜，应在两个床头柜上方分别预留电源和电话线口。梳妆台上方应预留电源接线口,方便接吹风机的电源。另外梳妆镜上方应该有反射灯才能体现效果,可以另外加装一个开关。照明灯光应该采用单头或吸顶灯,可采用单联开关,多头灯应加装分控器,根据需要调节亮度,建议采用双控开关,一个安装在卧室门外侧,另一个开关安装在床头柜上侧或床边以方便操作。卧室对照明的要求较为普通,主要由一般照明与局部照明组成。卧室的一般照明气氛应该是宁静、温馨、宜人、柔和、舒适的。那些闪耀的、五彩缤纷的灯具一般不宜安装在卧室内。

招式 68　如何装修小卧室

卧室是人们休憩的地方,在装修上要注意安静和隐秘。在这一点上,面积较小卧室有着宽敞的大卧室所不可替代的优势。家庭装修时在对一个小卧室进行设计之前,既要考虑到它整体的美观,也不能忽视它的实用性。要善于利用和合理安排每寸空间。

第一,舒适为主。在对小卧室进行装修设计之前,既要考虑到它整体的美观,也不能忽视它的实用性,要强调和体现卧室的舒适性。卧室内实际需要的摆设其实并不是很多,一张温馨而舒适的床,一个松软而干净的床垫,一个触手可及的床头柜,一盏适合在睡前阅读的床头灯,一个用来梳妆的镜子,一个用来储放衣物的壁柜以及门后为悬挂睡衣而用的精巧衣钩等,就是这个卧室主要的必需品。要想让这些物什和谐而整洁地"同居一室",给人以舒适温馨的感觉,就要在整体上考虑它们的一致性。卧室内家具的色彩规划也要注意色系的温和性,例如柔和的白色、自然的原木色都是不错的选择。那些足以令人眩晕的颜色会直接影响居住者的休息效果,而且长时间处于这样的色彩空间内,也会让人精神紧张,不舒服。

第二,简单布置。用适当的家具来提高空间的利用率,尽量营造出空间宽敞的错觉。再小的卧室都会有一面整体墙,为了使空间最大化,就要有效地利用墙体以及地面。在墙面、角落或门的上方可以装设吊柜、壁橱,用来贮放衣物,摆设书籍、工艺品等等,节省占地面积。

第三,巧妙使用镜子的功能。镜子不但可以增强卧室灯光亮度,而且还有扩展和增大房屋空间的作用。可以考虑做一个推拉门,把镜子镶嵌在门上，房屋的面积会因此变为原来的两倍。如果户型的设计中有一个狭窄走道，那么镜子就可以镶嵌在走道两边的墙上，这样可以在视觉上增加亮度，扩大空间。

第四，用软装加以配饰。为了让舒适和温暖充满卧室的每一个角落，壁纸、窗帘质地和效果的选择也同样关键。窗的饰物尽量从简，如果顶部有短短的帷幔，力求简洁，不要过于突出，避免层层叠叠，给人一种烦琐累赘的感觉。卧室中的织物也是提高舒适度的要素。麻质、棉质布料的柔韧会让整间卧室充满让人无法抗拒的温馨感。

招式69 书房装修要点

书房是藏书、读书的房间，是主人陶冶情操、修身养性的幽谷，其布置和装修要体现主人的个性和内涵，体现主人的文化品位。

第一，为书房的墙面和天花板选择适合的颜色，以典雅、明净、柔和的浅色为宜，如淡蓝色、浅米色和浅绿色。地面应该选用木地板或地毯等材料，而墙面的材料最好选用壁纸、板材等吸音较好的材料，以取得书房宁静的效果。

第二，书橱、书桌、电脑台、座椅等都是书房里的一般陈设。书橱应该靠近书桌以存取书籍，实现阅读的方便。书橱中可以留出一些空格来放置一些工艺品以活跃书房的气氛。书桌和座椅形状要精心设计，做到坐姿合理舒适，操作方便自然。书桌应置于窗前或窗户一侧以保证看书、工作时有足够的光线。书桌上的台灯应该灵活可调，以确保光线的角度和亮度，为增添气氛，还可适当布置一些盆景、字画等，以体现书房的文化氛围。

第三，为了方便主人阅读和查找书籍，书房内一定要设有台灯，书柜可以安置射灯。但台灯的光线要柔和，要均匀地照射在读书写字的地方，不宜离人太近，以免强光刺眼。书房的灯光以单纯些为好，在保证照明度的前提下，可配乳白或淡黄色的壁灯与吸顶灯来点缀书房。

第四，书房的窗帘也要适合书房的布置。一般选择既能遮光，又有通透感觉的纱帘。高级柔和的百叶窗效果更佳，强烈的日照通过窗幔折射会变得温暖舒适。

招式 70　如何搭配书房的色彩

书房是主人进行阅读的场所，在色彩搭配方面，应该避免强烈的刺激，墙面的颜色和家具的颜色宜使用冷色调。这有助于人的心境平稳、气血通畅，不可使用容易使人心绪烦躁的红色或橘红色。为了营造一个统一的情调，家具和摆设的颜色，可以与四壁的颜色使用同一个调子，并在其中点缀一些和谐的色彩。如书柜里的小工艺品，墙上的装饰画，这样，就可打破略显单调的环境。

对书房天花的处理，应该着重从室内的照明效果出发进行考虑和设计，一般常用白色，以便通过反光使四壁变得通透明亮。地面的颜色宜深，如果要铺地毯，也应选择一些亮度较低、彩度较高的色彩。门窗的色彩要在室内调和色彩的基础上稍加突出。

招式 71　书房装修要注意环境和温度

书房是人们回到家后进行工作和学习的重要地方，在对书房进行装修时，要考虑到环境和温度的影响。这种影响不仅是为了人而考虑，也为书房里放的书和其他一些设备考虑。为了营造书房的静谧环境，我们可以在装修书房时选用隔音吸音效果好的装饰材料。比如天棚可采用吸音石膏板吊顶，墙壁装饰可采用PVC吸音板或软包装饰布等，地面可采用吸音效果佳的地毯。此外，由于书房里有书柜，存放了不少书籍，而且多配有电脑、打印机、扫描仪以及一些电子设备，因而书房对温度的要求大大提高，应该安装空调，有良好的通风条件，同时还要注意不要将电脑等设备放置在空调的风口下、阳光直射的窗口旁以及暖气片或取暖器的旁边。从另一个角度说，保持适宜的书房温度益于保护书籍，也会使人感到舒适，从而提高读书和学习的效率。

招式 72　不同餐厅形式的装修方法

家庭的餐厅，正日益成为人们吃饭等活动的重要场所，设计和布置一个好的餐厅,既能营造一个舒适的就餐环境,还能使居室增添不少色彩和情趣。因此,在家庭装修中,要把对餐厅的装修看得举足轻重,不能马虎对待。

通常情况下,餐厅的设置方式主要有四种:厨房兼餐厅;客厅兼餐厅;书房兼餐厅;独立餐厅。

第一,厨房兼餐厅。一般情况下,厨房的面积会比较小,如果把厨房的隔断墙打掉,做成开放式,使餐厅和厨房自成一体的话,厨房的整体空间就会相对开阔很多,使用推拉门代替墙,也能使空间有所增加,而且充满现代感。

第二,客厅兼餐厅。现代家居生活中,往往把餐厅与客厅进行合璧。为了保持两者在统一前提下的相对独立性,在设计上必须注意分隔技巧,可从地板着手,将地板的形状、色彩、图案和质料分成两个不同区域,餐厅与客厅就由此划而成为两个格调有别的地方,也可以通过色彩和灯光进行划分,在视觉上轻而易举地造成两个不同区域,既给人带来视觉上的美感,又保持空间的通透性和整体性。

第三,书房兼餐厅。有的人根据房屋的面积和结构,会选择将餐厅与书房合二为一。书房兼餐厅的形式,要注意几个设计和装修要点。首先,为了不影响阅读者的视力,照明必须合适。可精心考虑天花板上的灯,使其高低有别,明暗相错,即便是角灯,也应该有合适的光线。其次,要在适当的地方安装多插孔的电源板,满足看电脑或听音乐的需求。再其次,摆设一张适合多用途的桌子,通常塑料桌是比较实用的,可在桌子上加台布,这样既显得美观,又不会弄脏书本文具。配桌子的座椅最好不要固定,藤椅或者木椅子都可以;最后,布置要简洁明快,以保证学习的兴致不受到干扰。

第四,独立式餐厅。这是家居生活中最为理想的餐厅形式。既便捷卫生,又安静舒适,家居设备主要是桌椅、餐前柜和酒柜等,照明应集中在餐桌上面,光线力求柔和,色彩应该以素雅为主,墙壁上可适当挂些风景画,餐厅位置应靠近厨房。

招式 73 餐厅装修要点

第一,在对餐厅墙面进行装修时,应该使其符合餐厅整体设计的要求,充分考虑到餐厅的实用功能和美化效果。

第二,餐厅有别于其他功能的厅室,其墙面的装饰应以简洁、明快为主,要突出自己的风格,既要美观又要实用,不可盲目堆砌餐厅色彩。

第三,餐厅墙面的色彩设计要因人而异,选择符合主人审美情趣的色彩,以轻快而明朗的色调为主;餐厅家具宜选用天然木色、咖啡色、黑色等稳重的色彩,要尽量避免使用过于刺激的颜色。

第四,有的家庭餐厅较小,可以在墙面适当安装一定面积的镜面,增强空间的视觉效果。如果餐厅面积过大,则可以放置适宜餐厅格调的屏风,既使空间有所缩小,又极具艺术性。

第五,餐厅的陈设力求简洁、卫生和舒适。餐桌是餐厅的主要家具,也是影响就餐气氛的关键因子。餐桌的款式可根据各自的喜好来确定,其大小应该和空间比例相协调,不可过大,也不要太小。餐厅用椅可以与餐桌配套,也可单独购置进行巧妙组合。选择椅子主要是看造型、尺度和坐感的舒适性。餐前柜的形式分为单体式和嵌墙式,可与餐桌和餐椅配套设计,也可独立购置。

第六,餐厅的地板铺装材料,应该尽量使用瓷砖、木板或大理石等较易清理的地面装修材料,以方便清洁和护理。杜绝地毯等较易沾染油腻污物的地面材料。

第七,餐桌上的照明以吊灯为宜,也可选择装在天花板上的照明灯或地灯。不管选择哪一种灯光设备,都要使灯光分散投射到餐桌上,而不可直接照射到用餐者的头上,那样会影响进餐者的食欲。

第八,若空间条件和经济实力允许,可以加建一道拱门,将餐厅区隔开。拱门的形式、风格和色彩必须与餐厅区相配合,以此来突出拱门的作用。

招式74 儿童房装修要点

孩子是一个家庭中的重要成员,让他们拥有自己的独立空间,可以更好地培养他们的自主性和独立性,激发他们的生活潜能。因此,在装修儿童房时要多花一些心思,从儿童房的颜色、家具、材料等多方面进行精心挑选和搭配,装修出孩子喜欢的房间来。

第一,要合理安排色彩因素。五彩缤纷、如童话世界一般的房间最受小朋友的欢迎。丰富的颜色可以刺激儿童的视觉神经,而千变万化的图案则可满足儿童对世界的好奇心。色彩选择上宜明快、亮丽、鲜明,以偏浅色调为佳,尽量不取蓝色、红色或黄色等过于浓重和强烈的颜色,减少颜色对孩子视觉上的刺激污染。如果要分色,淡粉色配白色,淡蓝色配白色,榉木色配浅棕色等颜色搭配,更加符合孩子的情趣爱好。由于每个小孩的个性、喜好有所不同,不妨把儿童居室的墙面装饰成蓝天白云、绿树花草等自然景观,让儿童在大自然的怀抱里欢笑;各种色彩亮丽、趣味十足的卡通化了的家具、灯饰,对诱发儿童的想象力和创造力会大有好处。

第二,地面最好铺设软木地板。软木地板具有环保、柔软、温暖、抗压、易打理、不开裂、不生虫、耐磨、抗压等诸多优点,应该成为儿童房地板的首选。

第三,空间能够设计重组。组合式、易移动、多功能的家具可以让宝宝的房间经常变化,充满乐趣。家具的颜色、图案或小摆设的变化有助于增加孩子的想象能力。另外,不断成长的孩子需要一个灵活舒适的空间,选用看似简单、却设计精心的家具,是保证房间不断"长大"的最为经济、有效的办法。在购买或设计儿童家具时,安全性为首先考虑,其次才是色彩、款式、性能等方面。

第四,巧用软装饰增添趣味性。儿童房的空间设计需要不断翻新,迎合和满足孩子不同生长阶段的不同需求。软装饰是经济实用而且易于变换的装饰品,当孩子对居室环境厌倦时,可随时布置新的,换上一幅孩子喜爱的图案。陈设品也可以随年龄不同而予以变换。如婴儿期可贴一些色彩丰富艳丽的图画;幼儿期则放些毛绒动物或布娃娃,为孩子营造一个温馨的童话世界;学龄前期则可以在墙上挂中国地图、世界地图、桌上摆地球仪等,便于孩子探索科学,保持浓厚的学习兴趣。

第五,在材料选择上,要选择环保材料,最大限度地减少装修材料对房间的污染。尽量不要使用天然石材,如大理石、花岗岩等,墙壁上的涂料和油漆也应该是水性的,可以避免苯和挥发性有机化合物的污染。家具的油漆也应该是环保型的涂料,不能在儿童房的地板上铺装塑胶地板和一些泡沫塑料制品,这些地板拼图虽然色彩鲜艳好看,但会释放出大量挥发性的有机物质,对孩子的身体健康不利。还应该选用易清洗材料。

第六,在灯光设计上,要根据不同的区域功能设计光线。儿童居室往往兼具游戏、学习和睡眠等多项功能。功能区不同,对光线的要求也不相同。例如,学习区的光线应该强度适中,集中一些;游戏区的光线强度和面积都要大一些;睡眠区的光线要尽量柔和、温暖,给孩子营造一个温暖舒适的睡眠环境,有助于孩子睡眠。儿童房内,最好不要设置射灯,以免刺眼,给孩子造成精神紧张。在灯具的选择上，要尽量选择能调节明暗和角度的灯具，避免在床头和床上方安灯，因为，孩子视力脆弱，难以承受光线的直射，在设计时最好让孩子躺在床上看不到灯头。

招式 75　儿童房壁纸选用三原则

壁纸往往以其绚丽多彩的图案，使整个儿童房的墙面充满童真气息。因此，常常成为儿童房墙面装修的首选。选择和利用壁纸点缀儿童房时，需要遵循以下原则：

第一，环保安全性。这是选择壁纸时首先要考虑的因素。壁纸分为多种材料，购买时尽量不要选用 PVC 合成壁纸，因为 PVC 的环保性能相对于天然材质的木浆壁纸、木纤维壁纸、织物壁纸要差，尤其是那些闻起来有塑料味的壁纸更是不能选择。壁纸的铺装一定要用进口的环保胶水，最好使用马铃薯粉做的水性壁纸胶。

第二，强调和谐性。在使用壁纸装修儿童房的时候，一定要注意和谐性，尤其是在色彩和图案的选择和搭配上必须要遵循一定的原则，否则会很花很乱。多数家庭的儿童房面积并不是很大，为了达到舒适的装修效果，最好不要选纹理、图案过于醒目的壁纸，图案的尺度也要适当，如果图形花样过大就会在视觉上造成"近逼"感。从色彩上说，朝北背阳房间不宜用偏蓝、紫等冷色，而应用偏黄、红或棕色的暖色壁纸，以免冬季色彩感觉过于偏冷。而朝阳的房间，可选用偏冷的灰色调墙纸，但不宜用天蓝、湖蓝这类冬天看着不舒服的颜色。壁纸适合使用在儿童房间的四面墙壁，但不宜选用在房顶，因为房顶不易铺装，同时花纹和色彩都可能造成压抑的情绪，对儿童心理和生理都会有影响。

第三，容易去污性。壁纸虽然好看，但清洁起来令人烦恼，尤其是孩子在上面涂涂画画的痕迹更是让人望而却步。因此，在选择壁纸时要选择那种纸基壁纸，其优良的防火性能和易于清洗打理性能，都是不错的，如果壁纸脏了，只需用湿布轻轻擦拭，依然会洁净如新。

招式 76　儿童房污染五大对策

儿童房装修,安全永远第一。因此要做好对儿童房装修污染的应对和解决。

第一,儿童房的装修要简单,注重功能性,要环保、无污染。特别是要注意不打地台、不铺地毯、不做吊顶,尽量减少装修材料的使用量和施工量。

第二,儿童房的家具要环保:家具占据房间的位置不要超过房间面积的一半;最好选择纯实木家具,家具的油漆最好是水性的,购买时要注意看环保检测报告。家具的颜色不要过于鲜艳,虽然鲜艳的颜色会促进孩子的大脑发育,但长时间生活在缤纷夺目的色彩环境里,会适得其反,对大脑神经细胞的发育造成不利影响,使孩子的智力下降。同时,要注意家具的选择要符合孩子的年龄阶段,不要因为孩子会长大,就一步到位买较大的家具,先让年幼的孩子将就使用,殊不知过大、过高的家具会对孩子的健康带来危害,影响孩子的视力和脊柱发育。最后还要注意的是儿童的衣物放在新家具里面时要进行封闭包装,以免受到更多环境污染。

第三,儿童房的照明设计要科学合理,不同的区域要采取不同的光源设计,比如,学习区的光线要集中,强度要适当;游戏区的光线强度要足够大;睡眠区的光线要柔和,尽量给孩子创造一个安静、舒适的睡眠环境。可以选择一些可以调节的灯具,根据不同的需求进行光线的调节。

第四,注意儿童房的通风。儿童房应该有良好的通风设施,保证每天早晚通风一次,每次至少在半小时以上。

第五,注意防止各种儿童用品、衣物、配套设备的甲醛污染。如房间的窗帘、布艺家具、布制玩偶等等。

第六,新装修的儿童房应该经常进行通风换气和空气净化,这是降低室内空气中有害物质释放浓度,避免室内环境污染最简便易行的方法。应该按照国家标准进行检测合格后再入住。要选择合格的净化治理产品,防止造成二次污染。

温馨提示

如何在客厅做吧台？

在客厅做个时尚简约的吧台，正成为很多人装饰客厅的创意选择，简单而巧妙的吧台使客厅的情趣大大提升，给人们创造了一个足不出户就可似在酒吧里那样举杯对饮的环境，既惬意又充满了浪漫和温馨。那么，应该怎样把这个小小的吧台做得精巧呢？下面为你支招。

第一，优秀的设计可以将吧台融入空间，在设计理念里，吧台已经是客厅空间的一个组成因子，而不单单是一件家具之类的东西。吧台的位置并没有特定的规则可循，可以利用一些畸零空间进行设计。

第二，制作吧台要充分考虑电路和排水问题。如果吧台位置靠近室外，可以将排水管接到户外，以单独的管线排水；如果要将管线接到管道间而倾斜度又不足，必须从天花板或者墙内走管时，施工就比较麻烦，费用也会跟着提高。如果想在吧台内使用耗电量高的电器，像电磁炉等，最好单独设计一个回路，以免电路跳闸。

第三，吧台操作空间的规格至少需要0.9m，吧台的高度也有一定的标准。单层吧台约1.1m上下，双层吧台则为0.8m与1.05m，为保证内层能置放物品，两层间的差距至少要有0.25m。

第四，由吧台的功能确定台面的深度。只是喝喝饮料与需要用餐所需要的台面宽度是不相同的，如果吧台前设置了座位，台面就得突出吧台本身，因此台面深度至少要达到0.4m－0.6m，这种宽度的吧台下方也比较方便储物。

第五，要使用耐磨、耐火、耐水的材质制作台面，像人造石、美耐板、石材等，都是理想的材料。

第六，可在吧台设置水槽，水槽要选择平底槽，才不会在放置杯子时发生倾倒或撞坏，水槽的深度最好有0.2m以上，以免水花四溅，弄得到处都是水。

第七，酒柜的设计要讲究实用性和便捷性。每一层的高度至少是30cm－40cm，放置酒瓶的部分最好设计成斜放，柜子的深度不要太深，以免拿东西不方便。

第八章
14招教你做好厨卫装饰
shisizhaojiaonizuohaochuweizhuangshi

招式77：厨房装修三原则

招式78：厨房装修要点

招式79：厨房装修有哪些禁忌

招式80：如何给厨房贴瓷砖

招式81：科学合理进行厨房选材

招式82：如何选择厨房家电

招式83：选择整体橱柜要讲方法

招式84：厨房安装燃气热水器注意事项

招式85：卫生间的装修要点

招式86：如何搭配卫生间的颜色

……

厨房的主要功能是烧煮和洗涤，是人们在家居生活中使用最频繁，家务劳动最为集中的地方，因此，对厨房的装修要更多地从它的实用性、安全性和卫生性去考虑。卫生间也是居家过日子必须要用的地方，卫生间的环境对整体家居环境有着很大的影响，同样也不能忽视，要好好在设计和施工上下功夫，营造舒适的生活环境。本章将为你传授厨房和卫生间装修的方法和要点，进一步提高你的装修技能。

行家出招

招式 77　厨房装修三原则

一、应本着有足够的操作空间的原则进行装修。在厨房里，要有洗涤和配切食品，要有搁置餐具、熟食的周转场所，要有存放烹饪器具和用料的地方，以保证基本的操作空间。现代厨具生产已走向组合化，应尽可能合理配备，以保证现代家庭厨房拥有齐全的功能。

二、要本着创造丰富储存空间的原则进行装修。一般家庭厨房都尽量采用组合式吊柜、吊架，合理利用一切可贮存物品的空间。组合柜橱基本上可以放得下厨房的常用工具和常备食物。操作台前可延伸设置存放油、酱油、盐等调味品的柜和架。水槽下面也可以放东西，精心设计的组合式吊柜，会让人储物取物更为方便，并让厨房看上去整洁不凌乱。

三、要本着创造充分活动空间的原则。厨房里的布局是顺着食品的贮存和准备、清洗和烹调这一操作过程安排的，应沿着三项主要设备即炉灶、冰箱和洗涤池组成一个三角形。在建筑设计的术语中，这叫做设计三角，因为这三个功能通常要互相配合，所以要安置在最适宜的距离以节省时间和人力。这三边之和以 4.57m～6.71m 为宜，操作台过长和过短都会影响操作。在操作时，洗涤槽和炉灶间的往复最频繁，专家建议应把这一距离调整到 1.22m～1.83m 较为合理。水池的位置可能要由排水管道、铅管装置等来规定。

招式 78　厨房装修要点

第一，在进行装修之前，先要根据厨房的面积和形状，确定装修成哪种形式。常见的厨房装修形式有以下几种：1. 简单式。这种形式指厨房操作台沿着墙壁摆成单列，长度以不超过250cm为宜。2. 平行式。这种形式指两组操作台对应设置，中间的走动空间宽度以100cm左右为好。3. "L"式。这种形式将操作台沿着墙壁呈拐角形布置，大大提高了厨房的空间利用率，但在设计这种形式时，要注意较短的边不能小于120cm，否则，操作台无法得到有效的利用。4. "U"式。这种形式一般在厨房面积较为宽敞的情况下采用。主要是将不靠门的三边呈U字形设计，进一步提高厨房的空间利用率，并增加贮藏面积。5. 组合式。有的厨房和餐厅相合并，形成较为宽大的开放型空间，因此，可以在呈"L"字形或"U"字形布置的一端，设立一个简单的餐桌，既可以作为工作台使用，也可以作为餐台，解决了用餐问题。

第二，应选用简单、质面平滑的材料，如不锈钢、铝、铬钢、铁、净白、灰或黑的瓷砖、玻璃等都是适合厨房装修的材料，如果装修资金丰裕的话，可选一些较高格调的云石和石板。

第三，厨房要讲求科学合理、舒适方便、美观简洁、明亮干净。要选择淡色或白色的瓷砖营造出墙面的整洁来。

第四，地面可选用防滑材料铺设，如防滑地砖，既耐用又容易清洗。

第五，厨房的色调设计要和谐统一，可以借枯橱柜和家电设备的色调形成一个主题。橱柜色彩搭配尽量用冷色调，而且要用偏浅色类的。清新的果绿色、纯净的木色、精致的银灰、高雅的紫蓝色、典雅的米白色，都是近来热门的选择。

第六，锅台高度一般为6500mm～7000mm，宽度500mm～550mm为宜，锅台板用混凝土浇注牢固，板上贴大理石、花岗石、汉白玉可以达到美观大方的效果。柜内底部应该高于地面50mm～60mm，以防进水潮湿。柜内分格两层，可放灶具。柜前用铝合金或木料制扇封闭，防止灰尘入内。

第七，选用美观光洁的铝扣板材质吊顶美化厨房天花环境。

第八，通风。通风是厨房装修最起码的要求。它是保证户内卫生的重要条件，也是保持人身健康、安全的必要措施。排气扇、排气罩、脱排油烟机都是必要的设备。脱排油烟机一般安装在煤气灶上方70厘米左右,选择脱排机的造型、色彩应与橱柜的造型色彩统一考虑,以免造成不和谐,与厨房整体风格格格不入。

第九,注意采光。为了提高厨房的照明度,可以根据不同用途设置各种各样的灯具。吊柜下和工作台上面的照明最好用日光灯。就餐照明用明亮的白炽灯,色感比较柔和。

第十,注重空间感。目前大多数家庭都喜欢采用成套的橱柜,因为封闭式的储物柜方便实用,整齐地收纳了各式各样的杂物,且不致沾染油烟及尘埃,但却造成空间的闭塞与单调感。假如采用一定的开放式层架及吊架,放上色彩美丽的玻璃杯瓶或原始拙朴的陶瓷器皿,或在吊架上挂上大大小小的不锈钢长柄勺,这样的厨房气氛将是活泼轻松的。但切勿在炉灶附近挂物品,以免受油烟熏污。还可以在厨房中摆几个柜子,代替一系列的橱柜,这样厨房看来会更新鲜。例如一个松木高柜、半腰的纯色木柜,又或绘上花纹图案的抽屉柜等。传统的既有展示层也有储物格的碗柜更具特色,收起零零星星的杂物,又可以展示一些设计独特的餐具器皿,令厨房看来更悦目可爱。

第十一,设计装修时要将常用的器具与烹调用品摆在近手边,偶尔使用的宜妥善存放,并确保每件物品都易于取放。一般清洗用的洗洁剂、垃圾箱等都放在洗涤盆下;假如洗涤盆上设有小吊柜或层架,则宜摆放轻精致的器皿,如水杯、量杯、咖啡壶、茶壶、陶瓷器具以及各类罐头食品。此外,还需要一个专用抽屉来放置刀叉、筷子以及餐巾等小餐具。

第十二,洗涤盆有陶瓷、金属与全盛纤维等,若空间容许,可采用双盆式洗涤盆,使洗涤食物或碗碟更有效率;附设滤隔的宽大排水吕,使排水更顺畅与快捷。

第十三,为洗涤盆配个合适的水龙头也很重要,可以选择冷热水单独装置,也可以选择冷热水的单头式龙头,要注意出水臂的形状和伸缩摆动功能。

招式79 厨房装修有哪些禁忌

第一,忌材料易燃。火是厨房里必不可少的能源,所以厨房里使用的表面装饰必须满足厨房的防火要求。尤其是炉灶周围更要注意材料的阻燃性能。

第二，忌材料不耐水。厨房是个潮湿易积水的场所，所以地面、操作台面的材料应不漏水、渗水，墙面、顶棚材料应该耐水、可用水擦洗。

第三，忌夹缝多。厨房容易藏污纳垢，应尽量使其不要有缝隙。例如，吊板与天花板之间的夹缝就应尽力避免，因天花板容易凝聚水蒸气和油渍，柜顶又易积尘垢，它们之间的夹缝日后就会成为日常清洁的难点。

第四，忌餐具暴露在外。厨房里锅碗瓢盆、瓶瓶罐罐等物品既多又杂，如果裸露在外，易沾油污，又难清洗。应该将它们都放入橱柜中。

第五，忌使用马赛克铺地。马赛克虽然耐水防滑，但是马赛克面积较小，缝隙多，易藏污垢，且又不易清洁，使用久了还容易产生局部块面脱落，难以修补，因此厨房里最好不要使用。

招式 80　如何给厨房贴瓷砖

第一，厨房的地砖规格不能过大，规格过大就会造成整体感觉不协调，同时也不便于地面地漏的安装。一般来说，厨房的地砖以 300×300 或者 330×330 为宜。

第二，铺贴前作好排砖方案，尽量不要出现小于三分之一的窄列。

如果确须加工切割，瓷砖经过切割后以剩下大于三分之二为宜。

第三，在铺贴前，要记住墙地面水管电线的线路走向，最好保存好电路和水路的走线图，以便今后需要检修的时候方便查找。

第四，粘贴厨房瓷砖需用 425 号水泥，水泥沙子的混合比例不要大于 1:3，如果水泥含量过重的话，会因水泥的膨胀系数高而导致瓷砖开裂，减少瓷砖的使用寿命。

第五，如果采用水泥砂浆作为黏接剂，厨房的釉面墙砖就需要经过泡水后铺贴，泡水的时间以瓷砖完全浸泡后不再冒气泡的时间为宜，一般为 30 分钟就可以了。

第六，铺贴厨房瓷砖无论是否属于无缝砖，都必须留缝，建议缝隙不小于 1mm，普通墙砖以 1.5mm～2mm 为宜，仿古砖缝隙可以适当加宽。

第七，厨房墙砖的铺贴高度要高于吊顶的高度，一般以不小于 10 公分为宜。

第八，铺贴瓷砖时要注意瓷砖的纹理，要顺纹理铺贴，花砖腰线有正反方向的要注意其方向,不要贴倒了,同时花砖腰线的纹理和砖的纹理要相一致。

第九,如果选择了腰线和花砖,就要考虑和确定好花砖和腰线的位置,腰线在橱柜的地柜上沿为好,花砖粘贴的位置要考虑橱柜挂件、烟机的位置,不要在安装这些物件时被遮挡了,影响整体的协调和美观。

第十,勾缝需要在瓷砖干涸后再进行。一般是在24小时之后。

第十一,地面瓷砖铺贴完成后,必须等地面干涸后才能在砖面走动或者进行其他的厨房装修项目。

第十二,瓷砖铺贴后要进行检查,如果发现有空鼓的地方最好是将有问题的地方进行修补或重铺。

第十三,墙面打孔需要注意力度,最好在打孔的同时在打孔的地方进行喷水作降温处理,防止因局部短时间剧烈的温差改变而使瓷砖炸裂。

第十四,墙面打孔时一定要检查是否有空鼓,同时核对留存的水电改造的管线图,不要打到管线上面。

招式81 科学合理进行厨房选材

厨房是人们洗菜、做饭的场所,这就要求厨房不仅要防潮、防火,还要容易清理油烟积下的污垢。因此,装修厨房在选材上一定要下一番工夫。

第一,墙面材料。厨房墙壁应该选购便于清洁、不易沾油污的材料,还要耐火、抗热、不易变形等。目前,市场上可供选择的有防火塑胶壁纸、经过处理的防火板等,但最受欢迎的仍是花色繁多、能活跃厨房视觉的瓷砖。瓷砖独特的物理稳定性、耐高温、易擦洗等特点都是它长期占据厨房墙面主材的原因。

第二,地面材料。有的人为了追求室内地材统一的效果,便在厨房使用了花岗岩、大理石等天然石材。这些石材虽然坚固耐用,华丽美观,但是却不防水,如果长时间有水点溅落在地上,那就会加深石材的颜色,使原本美观大方的石材变成"大花脸"。而且石材被大面积打湿后,会很滑,容易让人摔跤。因此,建议潮湿的厨房地面最好少用或不用天然石材。另外,实木地板、强化地板虽然工艺一直在改进,但最致命的弱点还是怕水和遇潮变形,也不适合铺装厨房地面。目前在厨房里用得比较多的材料是防滑瓷砖或通体砖,既经济又实用,还能防潮。

第三,顶面材料。厨房天花板的材质要防火,确保不变形。目前市场上常见的厨房专用天花板材料主要是塑料扣板和铝扣板。其中,塑料扣板价格便宜,但供选择的花色少。铝扣板非常美观,常见的有方板和长条板,喷涂的颜色丰富,选择余地大,但价格较贵。此外,如果采用吸顶灯,在把灯镶嵌在天花板里时要做出隔层,以防止灯产生的热量把天花板烤变形。

招式 82　如何选择厨房家电

随着人们物质生活水平的日益提高,对房子的装修也越来越重视和讲究。厨房作为一家人生活的重心,关系全家人的营养与健康,更是不能马虎。总的说来,选择健康厨房家电的原则有以下几条:

第一,品牌和服务很关键。选择知名品牌的产品已经是大家的共识。

第二,节能低耗放心选。居家过日子,要尽量使用节能、低耗的电器产品。不要仅仅关注产品的卖价是否便宜,更重要的是看产品本身是否有节能、低耗的功能。

第三,选择环保型家电。厨房是家庭的主要污染源。厨房家电作为厨房中的核心部件,是否具有健康、环保的功能至关重要。厨房污染主要有油烟污染、噪声污染、电磁辐射等。油烟号称女性健康的"隐形杀手",不仅有害于人体的呼吸健康,而且能够刺激人的皮肤,使皮肤发黄、粗糙,失去弹性。而油烟机发出来的大的噪声会造成人听力的损伤、人在这样的环境里呆久了,就会产生心慌、头痛、失眠、全身乏力、记忆力衰退、心律不齐、血管痉挛、血压增高、食欲不振、恶心呕吐等症状,切不可等闲视之。因此,在选购厨房家电用品时,一定要看清楚家电有没有健康和环保功能。比如油烟机的吸附力是否足够大,噪声是否比较小等等。

第四,厨电一体化。现在的厨房装修,更追求整体美感和效果,很多人选择了整体厨房为自己的家居生活增添色彩。为了使整体厨房更加突出它的整体性与和谐统一性,厨房电器作为整体厨房的嵌入式产品,必须体现"厨电一体化"的概念,实现各元素之间的和谐与统一。这就要求不仅"厨电"与"橱柜"之间要"一体化",厨电与厨电之间从外部美学设计到内部功能匹配也要具有成套的设计概念。如,橱柜与厨电在颜色上是否匹配、产品外观设计是否搭配等等。

招式 83　选择整体橱柜要讲方法

整体厨房作为一种时尚家居渐渐走进了消费者的家中,为很多装修厨房的业主提供了更多的选择。整体橱柜是整体厨房装修中最重要的一部分,因此整体橱柜的选择格外重要。选择整体橱柜主要应从以下三方面入手。

第一,品牌的选择。目前,橱柜市场上除了国内知名品牌和国际知名品牌之外,各地一些不知名的小品牌也占据着一定的市场份额,这样不免出现鱼龙混杂的局面。优质的橱柜,其橱柜台面、门板、柜体、五金件、抽屉导轨等都采用上好的材料和加工工艺,产品耐火耐水和防潮能力强,使用寿命相对比较长。而劣质的橱柜在材质和加工工艺上明显要比品质有保证的优质橱柜差很多,不仅防火、防水和防潮功能不强,门板也容易损坏,五金件也不合格,容易出问题,因此,为了保持厨房的良好功能,在选材上就要注意,一定要选择质量可靠有保障的知名品牌,不能贪图便宜而买劣质的橱柜,以免将来因发生质量问题而带来的维修和更换的麻烦。

第二,外形的选择。挑选整体橱柜时,要先从侧边一溜看过去,观察橱柜的线条是否平直,再看角位是否呈直角,有无倾斜和偏差,也要看橱柜之间的间隔是否宽窄一致。

第三,橱柜台面的选择。台面是影响整体厨房质量的重要元素之一。台面的种类很多,目前市场上较常见的材料是高分子人造石台面,这种材料符合美观实用的发展趋势,属于一步到位的橱柜台面材料。

第四,质量的选择。要看包边的地方是否熨帖而不起皱,封口是否细密,是否用高档设备高温高压制作而成。反复开关,看门铰是否松动;看抽屉的滑道是否推拉自如和顺畅。

第五,五金配件的选择。对整体厨房而言,五金配件是一个不能忽视的重要组成部分,在选择橱柜时一定要看五金配件的品牌和质量,以保证日后橱柜的正常使用。

招式 84　厨房安装燃气热水器注意事项

第一,燃气热水器的安装,要提前进行准备。要在房屋进行水电改造的阶段就充分做好布置与安排。连接燃气热水器的相关管路有 3 个:冷水进水管、热水出水管和燃气进入管，需要注意的是：不同型号的燃气热水器对这3个管的位置的要求是不一样的，因此，在装修之初，就要先考虑和确定燃气热水器的型号，然后根据电器的实际型号来预留这3个管路的位置，方便日后燃气热水器的安装。

第二，燃气热水器需要用电，所以在进行电路施工时，必须给燃气热水器预留一个带开关的插座，以保证日后燃气热水器的正常使用。

第三，水管一般都走房屋的顶部，因而燃气热水器的冷热水一般是往上走，走管位置一般正好位于以后热水器安装位置的正中间，而固定燃气热水器时需要在墙上打钉。知道了这些，就要注意在走管的时候要刻意避开将来需要固定热水器的打钉处，同样，给燃气热水器预留的插座的电路走线也要避开打钉处，才不致给日后安装带来麻烦。

第四，安装燃气热水器要充分考虑到通风，裸露在室外的燃气热水器通风条件自不必说，但有些安装在橱柜里的燃气热水器就要采取措施尽量增大其通风条件，比如说此处橱柜可以不做顶底板或是安装上百叶门之类的。

第五，强排式燃气热水器在使用过程中会往室外排气，而这个气体一般都是有温度的，会导致金属排气管发热。因此，在安装这类燃气热水器时，要注意避开抽油烟机的排气管，防止抽油烟机的塑料排气管因长期局部受热而老化和损坏。

招式85 卫生间的装修要点

现代生活中，人们越来越注重对家居生活的舒适享受。卫生间的装修是构成房屋整体装修舒适性的必要一环，一个整洁干净、充满芳香的洗浴间，相信会带给居家人士不一样的心理感受。

第一，卫生间的墙面要用瓷砖满贴。可以是防水瓷砖，也可以是马赛克，以体现卫生间的整洁和主人的风格为基准。

第二，卫生间的地面应该选用防滑材料铺设，高度应低于其他地面10mm~20mm。

第三，平台选用大理石、花岗石为好，高度为750mm~800mm，宽度为500mm~550mm，长度1000mm~1200mm为宜，洗面盆应镶嵌在平台内。

第四，吊顶宜选用透光和不怕潮湿的材料。

第五，通风扇安装应距顶棚200mm～300mm处，也可安装在吊顶下平处。

第六，浴盆安装不宜过高，一般距地平500mm，并应配备扶手防滑，浴盆前的地上应该铺设防滑垫，一是防止冬天脚直接落地时冰冷，二是可以防止滑倒和摔跤。

第七，卫生间的电源插座最好加防潮盖。

第八，如果淋浴间使用玻璃门，应选用有机玻璃或钢化玻璃，避免伤人。

第九，选择节水坐便器。坐便器的选择和安装是有讲究的，要选择有正确的孔径型号和良好的排水方式的坐便器。如果型号稍有偏差，就会导致下水不畅，而好的排水方式可以起到节水作用，且冲水噪音小，排污能力强。

第十，选择优质的地漏。地漏是连接排水管道系统和卫生间地面的重要接口，其性能的好坏直接影响到卫生间的空气质量，对卫生间的异味控制非常重要，因此，要选择好的地漏，减少日后生活带来的诸如排水不畅、有异味、返水、蚊虫滋生等烦恼。选购地漏时，要看地漏的结构是否合理，能否有效地起到防臭、通水、防溢水的作用。

招式86 如何搭配卫生间的颜色

通常，卫浴空间采用同一色调或相似色调的居多，强调统一性和融合性。采用对比配色时，一定要控制好色彩的面积，鲜艳的颜色所占的面积要小，色彩差别不宜太大。还要考虑材质本身的色彩和照明色彩。

一般来讲，卫生间适合使用淡雅的颜色，因为这样的颜色能给人以清洁之感。除了经典的白色之外，可以选用淡粉、淡橘黄、淡土黄、淡紫、淡蓝、淡青、淡绿等。顶棚和墙面的颜色考虑用反射系数高的明色，地面则较多采用灰色加以协调。在色彩的空间安排上，要遵循"下部重上部轻"的原则，有助于加大空间感。

为卫生间挑选颜色时，要先确定主色调，据此决定便器、浴盆、洗脸池、家具、设备的色彩，选择顶棚、墙、地面的色彩。墙面色彩要能衬托出家具、顶棚色彩，可与墙面一致或者明度更高一些，墙裙可以是色彩倾向明确和图案性强的，地面色彩则不妨稍深些。对于半永久性使用的设备，如浴盆、洗脸盆、便器等，最好避免采用过分鲜艳强烈的色彩。总之要搭配和谐，使卫生间呈现出立体感。

招式 87　卫生间内摆设要点

伴随着人们生活水平的提高,对卫生间的装修和装饰要求也变得高起来。明显的变化是,卫浴空间中的各类用品在骤然增多,使本来并不大的卫浴间变得物满为患、凌乱不堪。要想使卫浴间整齐有序,应从以下几个方面考虑对这些卫浴用品的收纳和设计。

第一,位置合理,便于拿取。设计卫浴用品的摆放位置时,要充分考虑到人的活动动作需求。

第二,对卫浴物品归类存放。同类的物品归放在一起,常用品与不常用品要分开摆放,每天都使用的东西应固定专用位置,放在容易够到的地方;备用品则可以放在吊柜或低柜中。

第三,明放与内存相结合。对牙膏、牙刷、化妆品等每天都要使用的东西,若把它们放在镜箱、柜内的话,拿取很不方便,因此,要把它们归放在明处,使人容易拿到的地方。当然,一些贮备品、怕湿品应放于柜内,方便储存。

第四,充分利用小空间。可在卫浴间设贮柜、板架,利用小空间存储化妆品、洗剂、手纸类体积比较小的东西。

第五,卫浴设置要注意防水性、安全性和易清扫性。在浴室内设置物品架、置物台等,必须选用防水材料,做到可以用水清洗。家具、搁架等造型应简洁,无棱角,以防碰伤身体,玻璃类的物品应置放在儿童够不着的地方。此外,卫浴设置的选择还要注意易清洁性,方便结垢变脏后的清洁和整理。

招式 88　如何给卫生间做防水

一、施工准备

1. 已做完卫生间地面的垫层,已安装穿过卫生间地面及楼面的所有立管、套管,并对这些立管和套管加以固定且通过验收合格。管周围的缝隙要用 1∶2∶4 豆石混凝土填塞密实。

2. 已完成卫生间地面找平层的施工,标高完全符合设计和施工要求,已经将地表面抹平压光,使其变得坚实和平整,无空鼓、裂缝、起砂等缺陷,含水率不大于 9%。

3. 找平层的泛水坡度应保持在 2% 以上,不能有局部积水现象,与墙交接处、转角处和管子根部,都要用专用抹子抹成半径为100mm的小圆角,要求小圆角均匀一致、平整光滑。

4. 在涂刷防水涂料之前,要对地基表面进行处理,应该将尘土和其他杂物清除掉,表面残留的水泥灰浆硬块和凸出部分应该予以刮平和清扫。对管根周围不易清扫的部位,应该用毛刷将灰尘等清除干净,如地面出现坑洼不平,或阴阳角还没有抹成圆弧,可用众霸胶、水泥和砂以1:1.5:2.5的比例搅拌成砂浆进行修补。

5. 重点做好对突出地面和墙面的管根、地漏、排水口、阴阳角等易发生渗漏部位的修补工作,以免日后出现漏水、排水不畅等问题。

6. 按设计要求和施工规定,如果卫生间的墙面有需要进行防水的部位,就要先处理墙面基层。对其进行抹灰、压光,确保平整,无空鼓、裂缝、起砂等缺陷。应提前安装穿过防水层的管道和固定卡具,并在距管50mm范围内凹进表层5mm,管根要做成半径为10mm的圆弧。

7. 根据墙上的50cm标高线,弹出墙面防水高度线,标出立管与标准地面的交界线,在进行涂料涂刷时,要注意与此线平行。

8. 在做防水之前,要确保卫生间有足够的照明设备和通风设备。

9. 由于防水材料一般都是易燃的有毒物品,因此其储存、保管和使用要远离火源,施工现场要备有足够的灭火器材,施工人员要着工作服,穿软底鞋。

10. 做防水层时要将环境温度保持在5℃以上。

11. 选用HB厨卫专用防水涂料,该产品是以石油沥青为基料,与增塑剂和填充料制成的高性能、低价格的厚质涂料。

12. 准备好电动搅拌器、搅拌桶、小漆桶、塑料刮板、铁皮小刮板、橡胶刮板、弹簧秤、毛刷、滚刷、小抹子、油工铲刀、笤帚等用具。

二、工艺流程

一般情况下,卫生间的防水工艺流程如下:对基层进行清理→细部附加层施工→第一层涂膜→第二层涂膜→第三层涂膜→第一次试水→保护层施工→第二次试水→工程质量验收。下面进行具体的介绍。

1. 对基层进行清理:涂膜防水层施工前,先将基层表面的灰皮用铲刀除掉,用笤帚将尘土、砂粒等杂物清扫干净,尤其是管根,地漏和排水口等部位要仔细清理。如有油污时,应用钢丝刷和砂纸刷掉。基层表面必须平整,凹陷处要用水泥腻子补平。

2. 细部附加层施工：打开涂料包装桶后，要先进行搅拌，使涂料变得均匀，严禁用水或其他材料稀释产品。然后用油漆刷蘸上搅拌好的涂料，在卫生间的管根、地漏和阴阳角等容易漏水的薄弱部位进行均匀的涂刷，这项工作要做得非常细致，不能漏涂或涂得不到位。经过大约四小时的常温表干后，再刷第二道涂膜防水涂料，24小时实干后就可以进行大面积的涂膜防水层施工，每层附加层厚度宜为0.6mm。

3. 涂膜防水层施工：HB厨卫专用防水涂料一般厚度为1.1mm、1.5mm和2.0mm，根据设计厚度的不同，可分成两遍或三遍进行涂膜施工。首先，打开包装桶先将涂料搅拌均匀。其次，进行第一层涂膜：将已搅拌好的HB厨卫专用防水涂料用塑料或橡胶刮板均匀刮涂在已涂好底胶的基层表面上，厚度为0.6mm，要均匀一致，刮涂量以0.6kg～0.8kg/m2为宜，操作时先墙面后地面，从内向外退着操作。再其次，进行第二道涂膜：第一层涂膜固化到不粘手时，按第一遍材料施工方法，进行第二道涂膜防水施工。为使涂膜厚度均匀，刮涂方向必须与第一遍刮涂方向垂直，刮涂量比第一遍略少，厚度为0.5mm为宜。最后，进行第三层涂膜：第二层涂膜固化后，按前述两遍的施工方法，进行第三遍刮涂，刮涂量以$0.4kg～0.5kg/m^2$为宜，如设计厚度为1.5mm以上时，可进行第四次涂刷。

4. 撒粗砂结合层：为了保护防水层，地面的防水层可不撒石渣结合层，其结合层可用1:1的108胶或众霸胶水泥浆进行扫毛处理，地面防水保护层施工后，在墙面防水层滚涂一遍防水涂料，未固化时，在其表面上撒干净的2mm～3mm砂粒，以增加其与面层的黏结力。

5. 根据防水涂膜施工工艺流程，对每道工序进行认真检查验收，做好记录，须合格方可进行下道工序施工。防水层完成并实干后，对涂膜质量进行全面验收，要求满涂，厚度均匀一致，封闭严密，厚度达到设计要求。防水层无起鼓、开裂和翘边等缺陷。经检查验收合格后可进行蓄水试验，24小时无渗漏，做好记录，可进行保护层施工。

6. 涂膜防水层操作过程中，操作人员要穿平底鞋作业，不得污染其他部位的墙地面、门窗、电气线盒。暖卫管道、卫生器具等。涂膜防水层每层施工后，要严格加以保护，在卫生间门口要设醒目的禁入标志，在保护层施工之前，任何人不得进入，也不得在上面堆放杂物，以免损坏防水层。防水保护层施工时，不得在防水层上拌砂浆，铺砂浆时铁锹不得触及防水层，要精工细作，不得损坏防水层。地漏或排水口在防水施工之前，应采取保护措施，以防杂物进入,确保排水畅通,蓄水合格,将地漏内清理干净。

在实施具体的防水工艺流程时,要避免以下情况出现。第一,涂膜防水层空鼓、有气泡:主要是基层清理不干净,涂刷不匀或者找平层潮湿,含水率高于9%;涂刷之前未进行含水率检验,造成空鼓,严重者造成大面积鼓包。因此在涂刷防水层之前,必须将基层清理干净,并保证含水率合适。第二,地面面层施工后,进行蓄水试验,有渗漏现象:主要原因是穿过地面和墙面的管件、地漏等松动,烟风道下沉,撕裂防水层;其他部位由于管根松动或黏结不牢、接触面清理不干净产生空隙,接茬、封口处搭接长度不够,粘贴不紧密;做防水保护层时可能损坏防水层;第一次蓄水试验蓄水深度不够。因此要求在施工过程中,对相关工序应认真操作,加强责任心,严格按工艺标准和施工规范进行操作。涂膜防水层施工后,进行第一次蓄水试验,蓄水深度必须高于标准地面20mm,24小时不渗漏为止,如有渗漏现象,可根据渗漏具体部位进行修补,甚至于全部返工。地面面层施工后,再进行第二遍蓄水试验,24小时无渗漏为最终合格,填写蓄水检查记录。第三,地面排水不畅:主要原因是地面面层及找平层施工时未按设计要求找坡,造成倒坡或凹凸不平而存水。因此在涂膜防水层施工之前,先检查基层坡度是否符合要求,与设计不符时,应进行处理再做防水,面层施工时也要按设计要求找坡。第四,地面二次蓄水试验后,已验收合格,但在竣工使用后仍发现渗漏现象:主要原因是卫生器具排水与管道承插口处未连接严密,连接后未用建筑密封膏封密实,或者是后安卫生器具的固定螺丝穿透防水层而未进行处理。在卫生器具安装后,必须注意成品保护,仔细检查各接口处是否符合要求。

招式89 如何装修主卫生间

主卫生间一般是设置在主卧室内的,仅供主人使用,具有很强的私密性。因此,在设计上尤其要考虑主人的爱好和习惯,体现主人的风格和特色。

第一,合理进行"干湿分区"。一般来说,主卫生间的面积都比次卫生间的面积要大,应该将整个区域划分成干湿区。干湿分区,就是把卫生间的盥洗、方便和淋浴功能分开,克服以往洗漱和淋浴水花四溅,洗浴完毕后水汽凝重,需要经常擦抹打扫以避免因潮湿而滋生细菌的缺陷,并减少卫生间墙面和地面的溢水。干湿分区的方式有几种。最常见和简单的方法是在卫生间里安装一个淋浴房,让洗浴空间自成一体。淋浴房一般会设置在卫生间里面的角落,让外面的区域保持干爽。淋浴房的品种多样,平面形状有正方形、长方形、扇形、钻石形等,根据所占空间大小,常用的正方形淋浴房尺寸一般为800mm～1000mm。如果安装浴缸,可以采取玻璃隔断或者玻璃推拉门。较小的卫生间也可以安装浴帘,但隔水效果较差。除了将淋浴分区,如果条件允许,盥洗也可以单独分区。盥洗室一般设置在卫浴空间的前端,因此可以将大便器和淋浴房设置为一个封闭的房间,将盥洗区独立设置为半开敞式,用半透明玻璃隔开,甚至可以用造型独特的开敞式盥洗台,但是要注意地面排水的处理。卫生间的干湿分离,使不同空间各为所用,互不影响,考虑到了生活的细微之处,在很大程度上方便了人们的生活,提高了生活质量,是现代卫浴设计的基本方法。

第二,根据主人的喜好安装浴缸、坐便器和洗脸盆。浴缸分铸铁浴缸、钢板浴缸和亚力克浴缸等多种,在购置浴缸前,一定要实地量好卫生间内浴缸位置的长、宽和净尺寸,然后再挑选合适的浴缸。坐便器分为蹲式坐便器和坐式坐便器。蹲式坐便器应考虑其是否要带存水弯,进出水方式,冲水阀是明装还是暗装。坐式坐便器应选用便于维修、不易损坏、水箱冲水好的,考虑采用分体式还是连体式,国产的还是进口的。许多国产坐厕考虑到目前国内卫生间面积偏小的特点,体积不大。而进口坐厕则普遍"身宽体胖",如面积允许,可采用质量较好的进口坐厕。洗手台可以选用天然或人造大理石、花岗石的台面,盥洗柜柜体一般采用防潮板,台盆大多为陶瓷质地,也有钢化玻璃和不锈钢材料的,要根据主人的爱好进行选择。布置方面可以繁复一些,多放置一些具有家庭特色的个人卫生用品和装饰品,选择较为清爽可亲的色调,着重表现家庭的温馨感,体现户主的喜好。如果条件允许的话,还以可考虑放入梳妆台,或划分出一个梳妆的空间,它的色彩、材质和布局应该按照主卧室的风格来搭配,力求做到风格独特,强调个性。

招式90 卫浴设备巧安装

卫生间的设计和卫浴设备的选择安装,最能体现出主人与众不同的鲜明个性和非凡品位。因此,在进行卫生间装修时,要熟练掌握各种卫浴设备的安装知识,打造出安全舒心美好的卫浴环境。

第一，盥洗盆的安装。盥洗盆的种类繁多，主要有陶瓷、不锈钢、石材制品、玻璃、人造石制品等。在现代家庭装修中，盥洗盆已经摆脱了以往的纯粹的盥洗功能，而俨然成为家庭空间装饰的重要组成部分。常用的盥洗盆是陶瓷和玻璃的，能够突出卫生间空间的光泽度和透明感，营造温馨的氛围。安装盥洗盆时，入墙式的下水管处理是比较好的选择，不仅减少了污物和细菌的滋长，打理起来也很方便，让空间变得更为整洁。安装时理想的高度为80cm~84cm。台式面盆应配合台板，台板大多为易碎的天然石材，因而一般会在台板下安装一块增力裙板。排水栓和盥洗盆对接时，排水栓的溢流孔应对准盥洗盆溢流孔，以保持溢流部位的通畅。对接后，排水栓的上端应该低于洗涤盆底。盥洗盆与排水管连接后应该坚固牢实，且便于拆卸，连接处不得敞口。盥洗盆与墙面接触部位应该用硅胶嵌缝。托架固定螺栓可采用不小于6毫米的镀锌开脚螺栓或镀锌金属膨胀螺栓。如果盥洗盆排水存水弯和水龙头是镀铬产品，安装时不得损坏镀层。

第二，坐便器的安装。先对排污管道进行全面而彻底的检查，查看排污管道内是否有泥沙、废纸等杂物堵塞，同时检查坐便器安装部位的地面是否平整，如发现地面不平，在安装坐便器时应该将地面修整平；确定排污管中心，并划出十字中心线；翻转坐便器，在坐便器排污口上确定中心，并划出十字中心线，中心线应该延伸到坐便器底部四周脚边；找准坐便器底部底脚螺丝的安装位置后，可以利用冲击电钻进行打孔，并预埋膨胀螺丝的塑料胶套；在坐便器的排污口上安装好专用的密封圈，或在排污管四周打上一圈玻璃胶或水泥砂浆，水泥与砂的比例为1:3；将坐便器上的十字线与地面排污口的十字线对准吻合，安装上坐便器，并用力将密封圈压紧，然后安装上地脚螺丝及装饰帽，再在坐便器底部四周打上一圈玻璃胶或水泥砂浆。坐便器安装要保持前后左右水平稳当。坐便器安装完后，要安装和调试水箱配件。先检查自来水管，放水3~5分钟冲洗管道，以保证自来水管的清洁；再安装角阀和连接软管，然后将软管与安装的水箱配件进水阀连接并按通水源，检查进水阀进水及密封是否正常，检查排水阀安装位置是否灵活有无卡阻及渗漏，检查有无漏装进水阀过滤装置；如在调试过程中发现异常，要进行检查处理；安装坐便器盖板；坐便器安装后应等到玻璃胶或水泥砂浆固化后方可放水使用，固化时间一般为24小时。

第三，浴缸的安装。浴缸一般包括"裙边浴缸"和"无裙浴缸"两大类，常用的浴缸有普通钢板浴缸、亚克力浴缸、铸铁浴缸和贵妃缸等。一般来说，普通钢板浴缸清洗容易，造型较单一；亚克力浴缸造型较丰富，但寿命短些、老化后不易清洗；铸铁浴缸使用寿命长，档次高，但是价格较高，搬运、安装较麻烦。安装浴缸前先要调平地脚螺栓，理想的安装高度为38~43厘米。在安装裙边浴缸时，其裙边底部应紧贴地面，楼板在排水处应该预留25~30厘米的洞孔，便于排水安装，在浴缸排水端部墙体设置检修孔。如浴缸侧边需要砌裙墙，应该在浴缸排水处设置检修孔或在排水端部墙上开设检修孔。各种浴缸冷、热水龙头或混合龙头其高度应高出浴缸上平面150mm。安装时注意不要损坏镀铬层。镀铬罩和墙面应该紧贴。固定式淋浴器、软管淋浴器其高度可按有关标准或按用户需求安装。浴盆上口侧边与墙面结合处应用密封膏填嵌密实。浴缸排水与排水管连接应牢固密实，且便于拆卸，连接处不得敞口。浴缸安装上平面必须用水平尺校验平整，不得侧斜。

第四，淋浴房的安装。淋浴房是目前市场上比较热销的产品。按外型大致可分为方形、钻石形、圆弧形。按照结构分，可以分为推拉门、折叠门和转轴门等。按照进入方式分，可以分为角向进入式和单面进入式。淋浴房的框架颜色也有很多选择，常见的有白色、金黄、亚金黄、亮银和亚光银等颜色。框架一般为铝合金型材表面喷塑膜，屏板材料PS胶版或钢化玻璃。在对淋浴房进行组装时，要严格按照组装工艺进行，使安装好的淋浴房外观整洁明亮，淋浴房的档门和移门相互平行、垂直和左右对称，两扇移动门开闭方便流畅，闭合无缝隙，不渗透水。此外，由于玻璃淋浴房比较重，因此，要选择安装在承重墙上，这样安全才有保证。

温馨提示

如何应对卫生间装修中易出现的问题

卫生间装修中最容易出现两个问题：第一、卫生间装修开工前考虑不周，边施工边修改，水电路改造无图可循，为后续施工留下隐患。一般情况下，装饰公司都会为业主画出装修设计图，其中包括整体效果图、细部施工图及水电路改造图等。但由于一些业主事先与设计师沟通不详细不充分,考虑得不是很周到,随着施工的进行,对原来的设计提出更改意见,这样边施工边修改,水电路改造等隐蔽工程完工后却发现无图可循,为后续施工留下隐患。因此提醒大家,卫生间内有水电路需要改造时,消费者要事先向设计师索要一张电路改造图,如果施工过程中有所改动,消费者还要与设计师沟通再画一张改造图,然后开始施工,最好不要边施工边修改,以免以后在对墙体施工时,弄伤电线引起灾祸。第二、设计方案不具弹性,卫生间施工中稍有误差就会引起一系列的返工、重做。这种情况在卫浴间较为普遍。如洗手盆安装到位后,才发现管线无法正常通过,只得再拐几个弯儿从浴室柜里穿出;又如墙面上的插座固定后,才发现吊顶的高度与其正好冲突,但此时已贴好瓷砖,难以更改等。

第九章
5招教你做好阳台装饰
wuzhaojiaonizuohaoyangtaizhuangshi

招式91：阳台装修要点
招式92：装修阳台需要哪些材料
招式93：如何封装阳台
招式94：小户型阳台如何华丽变身
招式95：如何做好阳台防水

阳台是居住者接受光照、吸收新鲜空气、进行户外锻炼、观赏、纳凉、晾晒衣物的场所。阳台一般有悬挑式、嵌入式、转角式三类，应本着适用、经济、宽敞、美观的原则装修阳台。

招式91　阳台装修要点

第一，阳台装修时，居室和阳台之间的"承重墙"是千万不能拆除的，如果将这道墙拆除，阳台的安全就无法保障，甚至会造成阳台的坍塌。

第二，最好用塑钢窗封闭阳台，它的主要优点是密封性和保暖性好，能有效防雨、防尘和防沙。

第三，装修阳台时要做好防水。一是阳台窗的防水。要重视窗的质量，密封性要好。二是阳台地面的防水。做阳台地面的防水时要确保地面的坡度，将低的一边设为排水口。

第四，阳台的空间设计要合理实用。阳台的空间安排和一切设施都要切合实用，同时注意安全与卫生。阳台的面积一般都比较小，大概三四平方米的样子，是人们活动、种花草、堆放家庭的杂物的地方，如果安排得不恰当就会使阳台变得拥挤而凌乱，给人不舒服的感觉。因此，不应该给面积狭小的阳台作太多的安排，要尽量省下空间来满足阳台的主要功能。

第五，阳台装修要注意进行隔热处理。可以在阳台窗户以下用聚苯板或岩棉做保温层，并用保温隔热效果好的材料形成阳台墙面的保温层，隔断室内外冷热空气的交换。

招式92　装修阳台需要哪些材料

阳台是建筑物室内面积和功能的延伸，是室内空间与外部空间相沟通和相联系的纽带，是居住者呼吸新鲜空气、晾晒衣物、种花种草的地方。我们该如何装修阳台，用什么材料来进行装修呢？

第一，阳台墙壁的材料。假如不对阳台进行封装，可以使用外墙涂料；如果要对阳台进行封装,就要使用内墙乳胶漆涂料。

第二,阳台地面的材料。假如不封装阳台,可以使用防水性能好的防滑瓷砖;假如要封装阳台,并且将阳台和室内打通,连成一体,则要使用和室内一样的地面装饰材料。如果要在阳台上晾衣服,就应以防滑地砖为首要选择。

第三,阳台的封装材料。一般情况下,有两种材料用于阳台封装:一种是铝合金,一种是塑钢型材。铝合金的产品质量和施工工艺都比较成熟,是目前采用较多的装饰材料。塑钢型材与其他门窗材料相比,保温隔热功能和隔音降噪功能比较高,成本却相对要低,因此,在封装阳台时,建议使用塑钢门窗。

招式 93　如何封装阳台

在家庭装修中,人们一般都要选择将阳台封闭,特别是楼层较低的住户,更是要对阳台进行封装处理。封装阳台可以起到以下几个作用。第一,为家增添安全屏障。封阳台后,房屋又多了一层保护,给日益猖狂的犯罪分子设置了一道障碍,能够起到防范作用。第二,保持了室内的良好卫生状况。封闭了阳台后,就可以用窗户来阻挡灰尘、风沙和雨水的侵袭,使室内的卫生状况有了更好的维护手段。第三,扩大了使用范围。封闭后的阳台可以作为书房、储物间和健身锻炼的空间,也可作为居住的空间,大大增加了居室的使用面积。第四,为设计师提供了更为广阔的设计思路。阳台封闭后,同室内空间连为一体,有利于设计师在设计整体房间时统筹考虑。

封装阳台的形式有两种。一种是以防盗网进行封装,这种方法的主要功效是防盗,但其他作用却无法发挥。另一种是以窗户的形式封装,这种形式采用最为普遍。从封阳台的外形上看,有平面封和凸面封两种,平面封完后,同楼房外立面成一平面;凸面封阳台后,窗户突出墙面,并可有一个较宽的窗台,使用起来较方便,但施工比较复杂。

封装阳台的材料比较多,有塑钢窗、铝合金窗、实木窗和空腹钢窗等,它们的区别在于:塑钢窗具有良好的耐候性,隔热、隔音效果较好,但价格较贵,颜色比较单一。铝合金窗具有很好的抗老化能力,但是隔热性却不如其他的材料,价格比塑钢略低一些。实木的窗户可以制作出丰富的造型,运用多种颜色，装饰效果较好，但木材抗老化能力差，冷热伸缩变化大，日晒雨淋后容易腐蚀。空腹钢窗结实耐用，但生产加工复杂和困难，同时很重，安装起来也较其他材料要求高。目前，一般家庭装修封阳台，主要使用塑钢窗和铝合金窗。

　　下面介绍一下封阳台的施工流程。

　　平封阳台的施工流程：封阳台之前要测量阳台封闭面的尺寸和面积，确保尺寸数据准确无误，然后按尺寸加工制作窗户框。在安装前，应该检验窗户的尺寸和封阳台的洞口尺寸是否一致，然后清理阳台洞口的基层表面，确保上面无污物，干燥和清洁，并在固定点位打上孔洞，预设膨胀螺栓以便下一步固定窗体。安装窗户时，首先将窗户框架稳稳地安放在洞口，并用木模子固定位置，将窗户上配套的固定钢片安装在膨胀螺栓上，然后用螺母进行紧固。将固定钢片全部安装完以后，用水泥砂浆把洞口的两侧抹平，并把固定钢片全部埋入水泥砂浆中。待水泥砂浆干硬后即可进行面层装饰，注意要及时将窗户框上的浆液擦净，防止浆液污染窗框，时间长了难以清除。

　　凸面封装阳台的施工流程：与平封阳台相比，凸面封装阳台的施工工艺相对比较复杂和麻烦。首先应该做窗台，在阳台墙上钻上通孔，然后插入钢筋。注意，钢筋要出头，其长度要与窗台的宽度一致。接着，在出头钢筋上捆搭两根横钢筋，横钢筋的间距依窗台宽度而定，一般为200mm，然后在钢筋的下方、大约距钢筋30mm处，钉上盒子板，浇铸事先准备好的混凝土砂浆，并将木砖或膨胀螺栓预埋在混凝土砂浆内。待混凝土风干变硬后，拆去盒子板，并清理窗台的台面。然后按照平封阳台装窗户的方法安装窗户即可。

　　无论是采用平封方式，还是凸面封装方式，在顺利封闭完阳台后，一定要记得检查和验收，确保封装的质量和品质，便于以后安全放心使用。检查和验收时要看几个方面是否做到位。推拉窗是否关闭严密，间隙均匀；窗扇与框搭是否连接紧密；推拉窗户时，是否感觉灵活自如；附件是否齐全，安装位置是否正确，安装得是否牢固，美观。此外，为了防止下雨天雨水倒流进室内，窗框与窗台的接口外侧应该用水泥砂浆填实，窗台外侧应有一定的流水坡度，防止水流入室内。

招式 94 小户型阳台如何华丽变身

小户型房屋的阳台由于面积比较小，很少与客厅相连，它们不是与卧室相连就是与厨房相连，常常被主人用作储物或堆放洗衣机等物品的空间。久而久之，若不加以细心整理，本来狭窄的阳台就会显得凌乱不堪，影响居家生活的整体卫生环境。因此，若想充分利用小阳台的空间，就要通过重新划分区间来调整小阳台的功能和作用，让小小的阳台改变它以往的角色，实现它的华丽变身，为居家生活增添无限乐趣。

第一，为了能有效利用小阳台的空间位置，可以将其与居室打通连为一体，然后，用落地窗将之与外界相隔，获得较好的私密性和装饰效果。如果装修时注意把小阳台与卧室的地面铺成图案颜色都一致的地板，则会令卧室的空间增大不少，会使卧室显得更加宽敞一些。

第二，有的房屋面积小，一般都不会设有单独的书房或工作间，如果把阳台与居室打通，阳台就可以变身成为崭新的书房了，主人可以根据自己的喜好随心所欲地对其加以利用了。我们可以在靠墙的位置摆放一个层层固定式的书架，再放上一张精巧别致的小书桌，用隔音效果好的窗帘阻隔室外的喧嚣。每当夜晚来临时，坐在书桌旁，伴着柔和的灯光，诵读自己钟情的书籍，然后再躺在旁边的卧床上，满足地睡去，肯定是一件让人惬意的生活。

第三，如果阳台与厨房相连，只要格局和结构允许，就可以将连接阳台和厨房的那面墙拆除，扩展厨房的空间，让原本窄小的厨房变得豁然宽敞，有利于更好地布局厨房的设施，让厨房成为煮饭做菜的好场所。如果厨房空间够大，不需要将空间延伸至阳台，我们也可以好好地利用阳台，将厨房的一些功能性的设施摆在阳台上，同样起到良好的效果。比如，可以在阳台的角落位置，设置一个储物柜，用于存放蔬菜瓜果或不常用的厨房物品。当然，还有一种利用方式也是不错的选择，那就是将阳台改造成家里的洗涤区。按照家庭的特殊洗涤需要，把清洗抹布、淘洗擦地布和晾晒衣物等家务移置阳台上进行。既满足了家庭的日常保洁需要，也使厨房变得整齐，不必在拥挤的厨房里放一个与设计风格不和谐的洗抹布盆了。

第四，如果房屋面积够大，房屋的各个功能都能实现，那么我们可以不再考虑将阳台融入我们的居室，而只是将阳台改造成一个纯粹的休闲区，成为主人呼吸室外新鲜空气,享受日光,放松心情的场所,最大限度地满足主人追求惬意生活的需要。如果阳台的面积比较小,我们可以采用装饰性很强的小块墙砖或毛石板作为点缀,突出阳台的休闲功能。对于面积较大的阳台,可以用质感丰富的小块文化石或窄条的墙砖来装饰墙壁。墙面装饰好了,就要摆设一些休闲必备的设施,比如几张折叠式设计的桌椅、吊在墙上的储物柜、一把帆布遮阳伞、一个充满田园风情的秋千式摇摇椅都是不错的选择。为了使休闲环境变得更加舒适,我们可以适当种些绿色植物和花卉,使阳台显得生机勃勃,充满生命的气息,也可以将各种有特色的小饰品挂于侧墙上,一个用草或麻或苇编织成的工艺品,一个精巧别致的陶瓷壁挂都可以提升阳台的品位,使阳台更富有情趣。这样的装饰,一定会让阳台变得既休闲又诗意,不仅有利于人体的健康,还满足了主人会客、与朋友闲谈的需求。

招式95 如何做好阳台防水

一、防水材料的选择:阳台面积比较小,阴阳角较多,因此,宜使用涂刷类防水涂料,最好选用优止水高效防水剂、SP防水装饰涂料、浓缩型亚克力增强剂、水盾防水胶和UP2000结构修补剂。下面简单介绍一下各种防水材料的特性和功效。

1. 优止水高效防水剂:该产品可以直接应用于混凝土表面,渗入混凝土结构的微孔和空隙中,堵塞过水通道,是一种可呼吸的水泥基非结晶渗透型高强防水材料。它能在墙体表面形成附着力极强的密实、坚硬涂层,进一步起到防水作用;它不仅可以完全防止水的渗漏,还能保证结构的呼吸,使结构内的潮气可以正常地散发出来。

2. 亚克力增强剂:该产品呈乳白色的液态,是一种特殊的改性材料。通过加入亚克力增强剂,硅酸盐水泥的黏结力、密实度、抗压强度、抗冲击强度、抗张强度以及抗弯强度将会得到较大幅度的提高;通过加入亚克力增强剂,可以提高混凝土材料的耐冻融性、耐紫外线照射性、耐磨擦性、耐化学和臭氧腐蚀性、耐久性和可靠性。

3. 水盾防水胶:该产品呈膏状,主要由矿物溶剂、无石棉增强型纤维、防水剂和改性沥青混合制作而成。其具有良好的防水性能,表现出含固量高、黏结性强、柔韧性好、使用寿命长等特点。

4. UP2000 结构修补剂:该产品是一种经聚合物改性的结构修补材料,干结速度很快,一般 20 分钟内就可以干结;由于其具有快干和不下垂的特性,特别适用于立面和顶部的结构修补,可以省去复杂、昂贵的混凝土模板;UP2000 的收缩率比普通混凝土低一个数量级,只有十万分之四;UP2000 与原结构的黏结强度可以达到 3Mpa 以上。

5. SP 防水装饰涂料:该产品是一种经固体聚合物改性的建筑涂料;它具有很好的防水功能和装点修饰功能,适用于对混凝土墙体和砖石墙体表面的防潮、修饰和保护。该产品抗有害化学物质腐蚀的能力很强;具有良好的呼吸性,既可以防止外界的水向结构内渗透,又可以使墙体内的潮气正常地散发出来。

二、材料准备

1. 优止水高效防水剂备料方法:在洁净的容器里加入一份浓缩型亚克力增强剂,然后用大约七份的清水进行稀释,并均匀地搅拌成混合溶液;将优止水高效防水剂粉料慢慢倒入容器中,用电动搅拌器慢慢搅拌成均匀的浓浆糊状混合物;停止搅拌,让优止水与混合液充分吸收。至少 5 分钟之后再慢慢进行搅拌,并根据施工的具体情况和涂料的需要量添加优止水粉料或混合溶液,直到够用为止。优止水的最佳调和结果为,将刷子垂直插入调和好的优止水中,刷子可以竖立 30 秒而不至于很快倒下。

2. UP2000 结构修补剂备料方法:把一份浓缩型亚克力增强剂倒入清洁的容器中,然后加入七份清水,均匀调和成混合液。一般情况下,放入亚克力增强剂的量越多,UP2000 的改性效果就越好。因此,在实际使用过程中,应该根据不同工程的具体要求调整亚克力增强剂的使用量,但要掌握一个调配浓度,最多可以用一份浓缩型亚克力增强剂加一份清水调和成混合液。接着,在干净的容器中加入约 4.5 升的混合液,然后慢慢倒入一袋 UP2000 结构修补剂,缓缓进行搅拌。搅拌的时间以全部修补剂完全湿润为准。注意,不要调得太稀。如果太稀的话会影响 UP2000 的强度和密度;也不要一次备过多的料,以在初凝开始前能用完为准;进行大面积修补时,可以在 UP2000 结构修补剂中掺入干净、表面干燥的骨料。为获得最佳修补效果,最好选择与被修补的混凝土结构相似的骨料。骨料可以是豆石、石灰石或砂石的混合物,骨料的大小不要超过10mm。首先将骨料与修补剂干混,然后加入混合液。骨料与修补剂的混合比例为每袋修补剂加入不超过6.8公斤的骨料。一次可以将3袋修补剂与不超过20.4公斤的骨料混合。该量一般在其初凝开始前可以用完;为获得最佳效果,每调一批料后,应该将容器清洗干净,再调第二批料,以免将已经开始硬化的修补剂带进第二批料中。

3. 水盾防水胶的备料方法:该产品在开盖后搅拌5分钟达到均匀状态即可使用,不要用任何材料稀释水盾防水胶。

4. SP防水装饰涂料备料方法:在干净的容器中加入一份浓缩型亚克力增强剂和七份清水,慢慢搅拌成混合溶液;将SP防水装饰剂粉料慢慢倒入容器中,用电动搅拌器慢慢搅拌成均匀的浓奶油状混合物;根据施工的具体情况添加优止水粉料或混合液。

三、表面准备:为确保修补效果的可靠性和长期性,应该严格按照各种修补材料对表面清理的要求进行表面准备,确保结构表面的清洁和坚固;可以用喷沙或高压水枪清除所有灰尘、油污、泛碱、油漆、浮浆、松动的砂浆等一切影响修补材料与结构表面良好结合的杂物。利用高压水枪时,水压最少要达到30MPa。在进行喷沙或高压水枪施工后,要用钢丝刷认真地清除表面的残留杂物,最后用清水冲刷施工表面。如果表面油污污染严重,要彻底清除油污层,将表面结构凿除1cm~2cm,直到使基层变得清洁而坚固。

四、具体做法

1. 整体现浇钢筋混凝土板;预制整块开间钢筋混凝土板;当预制圆孔板板缝通过卫生间时,要用密封材料对板缝进行嵌缝,再用UP2000抹平,涂防水涂料两遍。

2. 找好排水坡度:地面向地漏处排水坡度一般为2%;地漏处排水坡度,以地漏边缘向外50mm外排水坡度为3.5%;地漏标高应根据门口至地漏的坡度确定,必要时设置门槛。

3. 地面防水:地面防水层原则做在楼地面面层以下,四周应高出地面250mm;,要对管根进行密封处理。水管必须做套管;冷水管在管根部凿出15mm×15mm的槽,用立止水封堵一遍,然后用水盾防水胶加麻丝封严;冷热循环管在管根部凿出15mm×15mm的槽,用立止水封堵一遍,然后用密封材料密封;做地面防水层与管根密封膏搭接一体。防水层至立墙四周应高出250mm,并做好平立面防水交接处理。一般做20mm厚1:2.5水泥砂浆抹面、压光,或做其他饰面层。

4.墙面与顶棚防水:墙面和顶棚可采用SP防水装饰涂料做好防水处理,并做好墙面与地面交接处的防水。

五、各种防水涂料的施工方法

1.UP2000结构修补剂的施工方法:将需要修补的结构表面用水湿润,使其达到饱和但表面无水流淌的状态。某些基层可能需要湿润24小时后才能施工;用刷子在已经准备好的、湿润的被修补面上涂一层刚刚调好的UP2000结构修补剂灰浆(用一份浓缩型亚克力加三份清水调和成混合液,再加入适量UP2000结构修补剂搅拌均匀即可)用力将修补剂涂到被修补表面上;然后立即用抹刀用力在新涂刷过、还湿润的修补剂涂层上涂抹修补剂;抹一层修补剂后立即用钢丝刷在表面进行刷毛处理,待初凝时再抹第二层修补剂,每一层的厚度不要超过20mm。照此方法,一层一层抹下去,直到完成;用抹刀从修补区的中心开始向边缘进行修补,使之与原结构表面协调一致;用海绵蘸水刷洗修补表面进行终饰。

2.优止水高效防水剂的施工方法:用水将已经清理干净的表面彻底湿润,达到饱和但表面无水流淌的状态,按$1 kg/m^2$的用量涂刷第一遍优止水高效防水剂;第一遍涂完后,让其干燥12小时,再按$0.5 kg/m^2$的用量涂刷第二遍以达到最佳的防水效果。注意优止水涂层总厚度为1mm左右。

3.SP水泥基防水涂料施工方法:将施工表面用清水充分湿润,达到饱和面干的状态;用刷子或喷枪均匀涂刷SP防水涂料;如果需要涂第二遍,第一遍要用粗纤维刷子进行涂刷,以确保表面的孔洞被彻底弥合;第二遍可以用普通刷子或喷枪进行施工,两遍涂刷间隔时间为12小时。

温馨提示

装修阳台时别忘了巧添家具?

随着生活水平的提高和居住条件的日益好转,家里的阳台正逐渐成为人们家庭装修的重点，为了将这个并不是很大的空间变得舒适和温暖，具有浓厚的生活气息，家具的添置显得非常重要，有时一个别致精巧的家具就能装点和营造出与众不同的独特意蕴来。那么，该如何选择适合阳台上放置的家具呢？主要应该从两个方面考虑。

第一，选择材质：由于阳台的地理位置，阳台家具容易受到风吹、日晒和雨淋，因此在材质的选择上和一般的室内家具不同。一般来说，木质阳台家具是人们的首选，但宜选用油分含量较高的木材，如柚木，这样的木质可以最大限度地防止木材因膨胀或疏松而脆裂，影响观瞻和使用。喜欢金属材质的人们宜用铝或经烤漆和防水处理的合金材质的阳台家具，这样的材质最能承受户外的风吹雨淋。竹藤制家具轻松写意，也是不错的选择。但要注意对它的养护，不能放在太阳下面暴晒，如果淋雨后要及时擦拭清理，防止因日晒或受潮，使竹藤家具变形。

第二，注意环境：根据阳台的面积，要选择小巧玲珑的阳台家具，其中以折叠家具为佳，这些家具使用起来更有弹性，能够有效避免阳台的拥挤和凌乱。在阳台上放置小桌椅，可以当茶桌或小餐桌使用。带阳台伞的藤制或塑料阳台桌椅，适宜放在屋顶凉台或大花园中，充满欧式风情的铁艺桌椅则是欧式别墅的首选。

第十章
2招教你科学节能安装电气

erzhaojiaonikexuejienenganzhuangdianqi

招式96:走出家用电气安装误区
招式97:家用电气安装要点

一般来说，家庭电气设备包括电源开关、电源插座、电视插座、网络插座、电话插座、灯具等等。在安装这些家用电气设备时必须保证质量，并满足各项安全防火要求,消除家用电气设备的安全隐患。

本章将教你如何科学节能地安装电气,保证居家用电安全。

行家出招

招式96 走出家用电气安装误区

居家生活,一日不可离电。在用电的时候,首先要保证的就是安全性和健康性。然而,在家庭装修过程中,却往往存在很多家庭电气安装不规范的地方,给人们的居家生活埋下了隐患。常见的错误有以下几种：

第一,为了不影响居室的美观和整洁效果,将插座安装在较低的隐蔽位置,离地面很近。这样一来,插座就常常被蘸满了水的拖布所"骚扰",当水溅进插座里面的时候,漏电事故就不可避免了。

第二,插座裸露,没有丝毫的防护措施,尤其是厨房和卫浴间的插座,会经常被油烟和水"光顾",这些油污和水汽进入插座,特别容易引起短路。

第三,插座的导线使用的不是铜线,而是极易被氧化的铝线,接头处容易打火,存在很大的安全隐患。

第四,常常是多个家用电器共用一个插座,使电器常常超负荷运行,从而存在发生火灾的隐患。

第五,为了追求室内环境的色彩缤纷和变化莫测,过多地利用灯光来进行修饰和点缀,却忽略了光污染对人体的影响和损害,使大量的灯光成为居家生活中的一大杀手。

招式97 家用电气安装要点

第一,杜绝假冒伪劣产品,一定要使用质量有保证的合格的电气设备,不能使用质量不合格或破损的开关、插座、灯头、电线等设备。

第二,明装插座距离地面不应低于1.3m,暗装插座距地面不能低于0.

3m。为了防止儿童用手指触摸或用金属物插捅电源孔眼,一定要选用带有保险挡片的安全插座。

第三,在现代居家装修中,拉线开关大多被淘汰,暗装开关要距离地面1.2m~1.4m,距门框水平距离15cm~20cm。开关的位置与灯的位置要相对应,同一房间的开关高度安装位置应一致。

第四,在安装床头灯、壁灯和镜前灯等灯具时,如果安装高度低于2.4m,灯具的金属外壳均应接地可靠,在进行配线时,灯盒处要加一根接地导线,以保证使用安全。各种灯具应该安装牢固,不能松动或使用木楔。

第五,当灯具比较重,重量大于3千克时,应该固定在预埋吊钩或螺栓上,嵌入吊顶内的灯具应固定在专设的构架上,不能在吊顶龙骨支架上直接安装灯具。另外,当吊顶的重量超过1千克时,要采用金属链吊装,而且要保证导线不可受力。

第六,具体的灯具安装要具体对待。如果是吸顶灯、日光灯和射灯,在安装时就要考虑到通风散热是否适宜;如果是白炽灯,就要注意灯口的接线,应该把相线即火线接在灯口芯上;如果是胶木灯,灯口上不能安装100瓦以上的灯泡;如果是在吊顶上安装小射灯,则需要为每盏小射灯加装一个变压器,因为假如没有变压器的话,灯用不了多久就会被电流击穿,无法再使用。

第七,空调和冰箱应该使用独立的并且带有保护接地的三孔插座。为保证家人的绝对安全,抽油烟机的插座也要使用三孔插座,不可忽视对接地孔的保护,严禁将地线接到煤气管道上,以免发生严重的火灾事故。

第八,安装客厅的开关插座时,要对嵌入地板或墙壁中的布线和墙壁上的插座做仔细的布置,尤其是对台灯、落地灯等一些可以灵活移动的家用电器,既不能将电线拉得太长,影响美观,带来不安全隐患,也不能位置不合适。

第九,所有开关、插座、灯具安装完毕后,一定要进行检查,如发现灯头、插座接线松动、接触不良或有过热现象,要及时进行处理,清除安全隐患,为居家生活用电提供保障。

第十一章
2招教你了解和防范职业病
erzhaojiaoniliaojiehefangfanzhiyebing

招式98：认识装修工患职业病的主要原因
招式99：绿色环保施工，远离职业病困扰

当前，装修污染已经被列入对公众危害最大的环境因素之一，坊间有"装修污染猛于虎"的说法。而长期从事装修行业，工作在装修一线的工人，已然成为装修污染的第一接受者，成为职业病的高危人群。

装修工作中存在的对人体的主要有害因素包括：一是装修材料和组合家具中的甲醛；二是室内装修用的油漆和涂料中的苯、甲苯、二甲苯等；三是人造板、泡沫隔热材料、塑料板材、油漆、涂料中的挥发性有机物；四是混凝土防冻剂、膨胀剂和早强剂中的氨；五是大理石、瓷砖释放的放射性物质氡，还有水泥粉尘、木尘等多种粉尘；六是装修过程中还会面临噪声、振动等职业病危害。

装修工人不可避免要接触这些职业病危害因素。尤其是油漆工、黏合工、瓦工等装修工种，他们每天都直接接触含有苯、甲苯、二甲苯等有害溶剂的建材，吸入因切割石材、瓷砖、木头时而产生的大量的粉尘，在噪音以及复合板、各种强力胶散发的有害气体的弥漫下工作，使得皮肤、神经系统及肝、肾、肺、造血系统等受到不同程度的侵害，甚至有严重者因心功能衰竭而当场死亡。而且随着从事装修行业时间的增加和接触含毒建材频率的加大，装修工人在辛辛苦苦付出体力劳动的同时，正被可怕的职业病日益侵袭，遭受病痛的困扰。

但令人担忧的是，装修工人大多来自农村，流动性大，职业卫生保健意识比较薄弱，缺乏必要的个人防护知识，对这些职业危害因素，往往并不重视。我们常常会看到这样的现象，室内装修工作现场非常呛人，而装修人员却若无其事地刷漆、做家具，根本不戴口罩，更不用说防毒面具了。甚至在一些装修房内，许多装修工拖家带口，男人干活，女人在现场做饭，孩子在旁边乱跑玩耍，并在现场吃饭，晚上全家就住在未完工的装修房内。这样他们面临危害的程度远远大于一些生产工厂接触这类职业病危害的工人。

因此，作为装修工人，在进行繁重的装修工作之前，有必要学习一些职业病防治基础知识和保健知识，了解一些维护自身权益的法律，最大限度地实行"绿色装修"，为自己的身体增加健康的砝码，树立维权的信心。

行家出招

招式 98 认识装修工患职业病的主要原因

油漆工、防水工和粘接工常见苯中毒、甲苯中毒、二甲苯中毒以及高分子化合物中毒、苯所致白血病、化学性烧伤；泥瓦工、水泥搬运工等常见矽肺、水泥尘肺；瓦石工、木工等接触噪音的工种还常见噪声聋。另外，再生障碍性贫血、结核、胸膜炎等职业病，正在装修工职业中快速蔓延。由于装修工长期从事有毒、有害作业，易受粉尘、放射污染，导致其患职业病死亡、致残、部分丧失劳动能力的人数在不断增加。尤其是超过10年油漆工龄的装修工大多都有容易疲劳、头疼、胸闷、四肢无力的症状。

那么，为什么装修工会成为室内环境污染的第一受害人呢？原因如下。

一、在装修工程施工过程中，一些溶剂型油漆、黏粘剂和涂料中的有害物质释放量最大，超标的噪声污染和粉尘污染也成为装修工人健康的"杀手"。

二、为了作业，装修工长时间在污染浓度较高的环境工作和生活，又无很好的防护措施，容易受到装修污染的侵害。

三、装饰装修工程全部是现场施工，无法安装排风和净化装置，这无形中加剧了装修污染对工人健康的伤害。

四、装修过程中，各种工种往往交叉作业，加剧了装修污染对人体的危害。

五、从事装修的一线工人，基本上是进城农民工，流动性较大，各类化学物质毒性知识缺乏，自我保护意识淡薄，大多对职业病浑然不知，更不会维护自己的合法权益，社会也没有相应的劳动保护制度来保障他们的权益。

招式 99 绿色环保施工，远离职业病困扰

第一，对家庭装修进行绿色环保设计，在装修施工开始之前就杜绝使用不恰当的方案、建筑材料和施工工程工艺，防患于未然。如果图纸设计采用非环保材料，装修工人可以向业主和设计师建议采用环保材料。

第二，选择绿色建材，这是远离职业病的最基本、最重要的一步。装修材

料的毒害物质不但会危害装修工人的身体健康,还会给业主以后的居住环境安全造成隐患,所以,装修工人应提醒业主在选用材料的时候注意选用绿色建材。一般装饰材料中的大部分无机材料都是安全和无害的,比如龙骨、地砖、配件、玻璃、普通型材等。而部分化学合成物的有机材料具有浓重的刺激性气味,则对人体有一定的危害,包括苯、酚、醛等及其衍生物,可导致人体各种病变。因此,选择绿色环保建材是远离有害物质侵害的前提。选购装修材料时要优先采用无毒或低毒物环保的新材料,对确实需要使用的有毒化学材料,要明确其成分、性能、危害和使用方法,并保证相应的防护和应急措施;不可使用强毒又无法个人防护的材料。购买材料时要注意观察是否有环保产品的绿色标志。绿色环保材料不但不会伤害装修工人的身体,也不会对业主以后的居住环境造成伤害,但有的业主并不了解这一点,在这方面,装修工人就要在平时积累一些相关环保材料的知识,在必要的时候给业主讲解,相信每一个业主都是关心装修工人身体健康和自身居住健康的。

  第三,进行绿色环保施工。除了使用绿色环保建材外,在施工过程中,也要提倡实行绿色环保施工。对于施工企业来说,工程造价里面会包括安全、文明施工措施费,施工企业必须将此费用直接用于安全、文明施工方面,而不能直接省略相关措施挪作他用,为装修工人提供安全的施工环境。对于装修工人来说,要采用绿色环保的施工方法,避免遭受有害因素的侵害,具体方法包括:1.工作时要有足够的防护措施,包括正确穿戴工作服、防护手套等卫生防护用品。如进行刷漆、喷漆、防水等工作时,要戴防毒面具;进行打磨和地砖或瓷片的切割工作时要尽量用湿法操作,并戴上防尘口罩;进行有噪音的工作时要戴上耳塞或者耳罩等。2.装修工作时应该保持室内有良好的通风,可打开门窗,如果通风效果还是不好,可以采用抽风设备加强室内空气的流通。3.没有使用完毕的液体材料如油漆、涂料等必须加盖存放,以降低挥发量。4.对于用完的有毒材料要及时妥善处置或者丢弃,不要长时间放在施工现场。5.不要在正在装修的工作场所抽烟、吃东西和住宿。6.尽量减少工作时间和缩短连续工作时间,工间休息到室外呼吸新鲜空气,下班后及时离开装修现场,最好全身淋浴。7.可要求装饰公司改进工艺、更换设备以提高安全施工保障,如进行有噪音工作时采用消声、吸声、隔音等技术,进行打磨、切割等粉尘工作时可以配备一些移动式除尘设备。8.定时到取得职业性健康体检资质的疾病控制机构进行职业性健康体检,以发现早期损害。9.出现身体不舒服时立即停止工作,到医院进行检查、就诊。10.装修工人之间要相互配合,相互关照,看见其他人有不良状况要立即采取停工、就医、急救等措施。

第四,装修工应学会自身保护,学习一些职业病防治基础知识和了解一些维护自身权益的法律知识,有条件的可参加职业病防治和卫生防护知识培训。工作前应该主动与装修公司签订劳动合同,将职业危害和防护在劳动合同中写明,并长期保存,一旦发生了职业病,保存的劳动合同将是重要的举证材料之一。

> **温馨提示**

甲醛和苯污染对装修工人的危害
一、甲醛污染对装修工人的危害

甲醛(HCHO)是一种无色气体,有特殊的刺激气味。甲醛对人体有很大的危害,一是对人体有刺激作用:甲醛的主要危害表现为对皮肤黏膜的刺激作用。甲醛是原浆毒物质,能与蛋白质结合、高浓度吸入时出现呼吸道严重的刺激和水肿、眼刺激、头痛。二是对人体有致敏作用:皮肤直接接触甲醛可引起过敏性皮炎、色斑和坏死,一旦吸入高浓度的甲醛可诱发支气管哮喘。三是对人体有致突变作用:高浓度甲醛还是一种基因毒性物质,对人体有致癌作用。

室内装修用的细木工板、胶合板、中密度纤维板、刨花板和部分油漆等都能释放甲醛,有研究表明,室内甲醛的释放期一般为 3~15 年。

装修工人预防甲醛中毒最简易的方法就是通风。在室内进行装修工作的时候要保证通风,如果通风效果不好,可借助抽风机等设备加快空气的流通。另外,禁止在装修工地住宿、睡觉,避免长时间吸入甲醛等有害气体。

二、苯污染对装修工人的危害

在装修工程中,苯污染主要来自于含有苯的胶黏剂、油漆、涂料和防水材料的溶剂或稀释剂。苯的危害主要有以下几种:

第一,长期吸入苯可导致再生障碍性贫血。长期吸入苯会出现白细胞和血小板减少,严重时会使骨髓造血机能发生障碍,导致再生障碍性贫血。如果造血功能被完全破坏,那么就可以发生知名的颗粒性白细胞消失症,并引发白血病。

第二,苯会对皮肤和上呼吸道造成损伤。装修工人如果长期接触苯,皮肤就会因脱脂而变得干燥而脱屑,有的甚至会出现过敏性湿疹、喉头水肿、支气管炎及血小板下降等疾病。